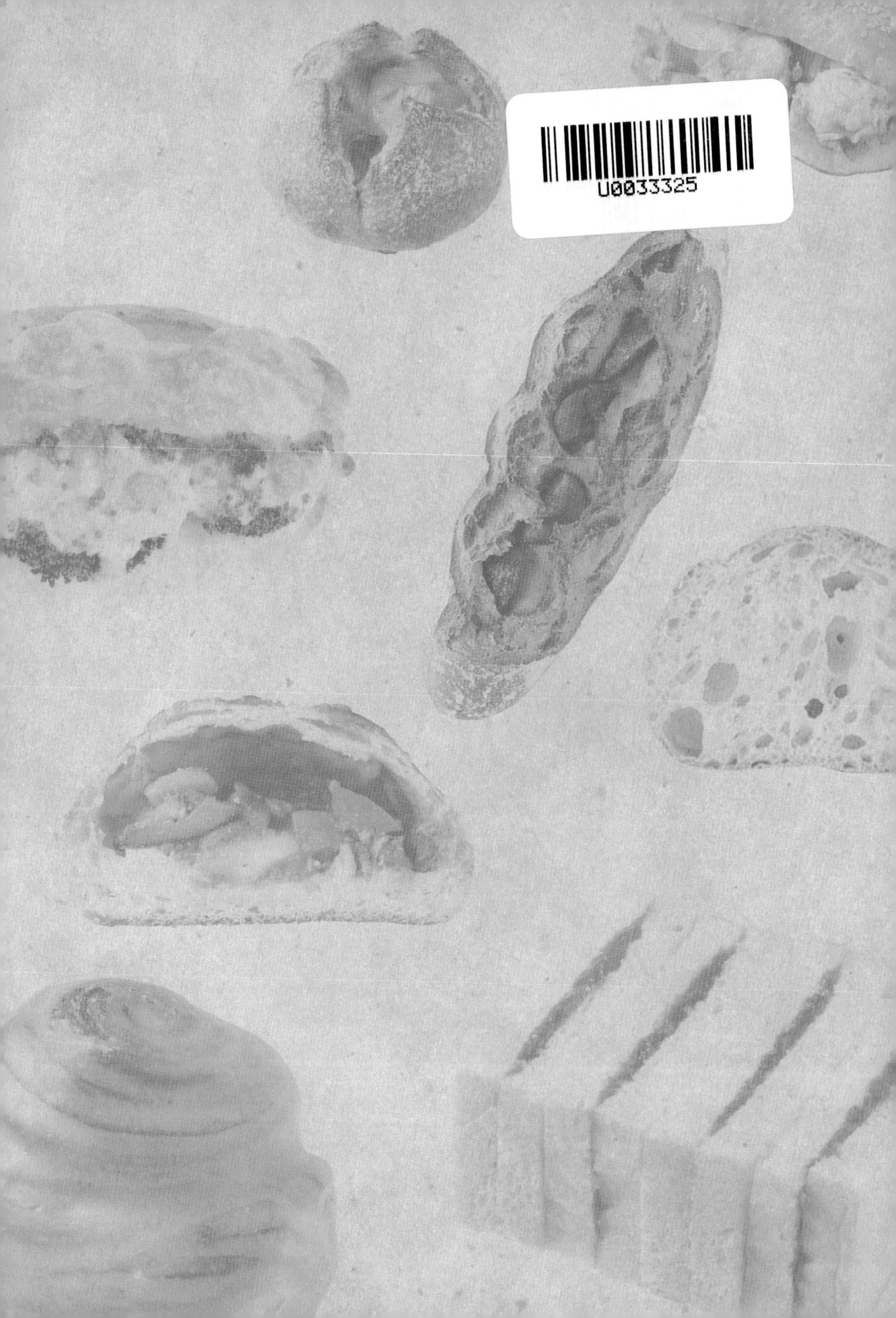
U0033325

看了就想吃！的麵包小圖鑑

350 款經典、人氣麵包＋

28 家日本排隊必買名店、老舖徹底介紹

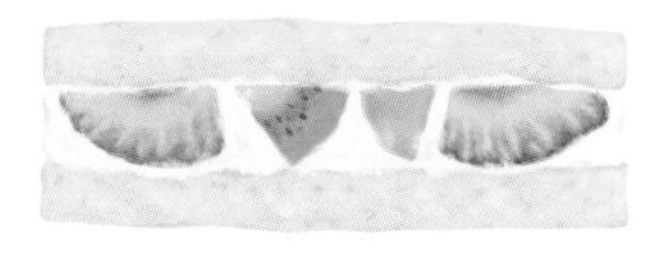

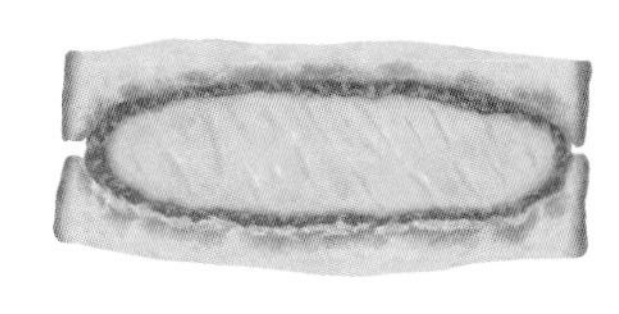

復古的、經典的、
創意的、人氣的……
不管哪種麵包都好吃。

插圖：相田智之
文字：中文版編輯部

除了國外流行的長棍麵包，還包括鹹麵包、甜麵包、吐司等，麵包的文化在日本各自進化與提升。愈來愈多麵包店採用當季的食材製作，讓顧客品嘗麵包便能感受到季節變化；使用國產小麥、嚴格挑選食材生產廠商，讓自家的麵包風味更具層次與特色。麵包職人們汲取傳統麵包的優點，搭配現代的風格，使麵包進化成「料理一般的麵包」，產生無限大的可能性。

復古的、經典的、創意的、人氣的……各種麵包都有其擁護者。本書將為麵包控們介紹 300 款以上的麵包與日本近年來最受矚目的麵包店。書中分成兩個單元：〈Part1 經典款鹹麵包 • 甜麵包大集合〉包含炒麵、咖哩、肉類、豬排、蔬菜、起司等鹹麵包，以及紅豆、克林姆、巧克力、果醬、菠蘿等甜麵包的詳細介紹。〈Part2 麵包控不可不去的日本魅力麵包名店〉則網羅了 28 家排隊必買、人氣火紅的麵包店，涵蓋三明治、甜鹹麵包、長形麵包、吐司和天然酵母類麵包名店，是麵包控的心之所向。迫不及待翻開書嗎？最想吃的各種麵包盡在書中呈現！

目錄 CONTENTS

Part 1 經典款鹹麵包・甜麵包大集合

Part 2 麵包控不可不去的日本魅力麵包名店

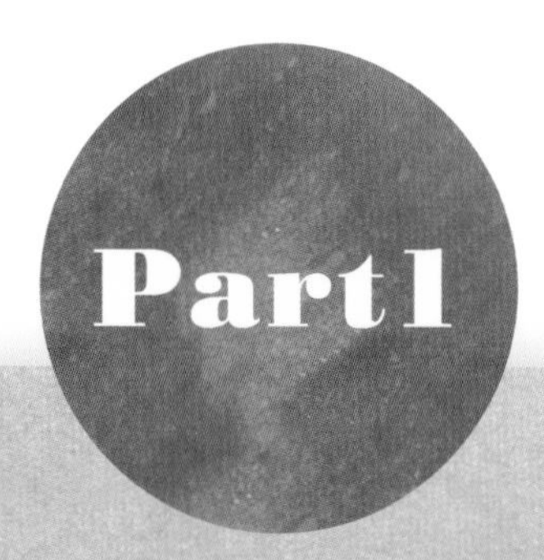

經典款

鹹麵包·甜麵包

大集合

除了法式麵包，鹹麵包、甜麵包是一般人最常食用，也是麵包店販售的主力商品。說到鹹麵包、甜麵包，絕不能不提日本的麵包。日本獨自發展出的麵包文化，讓鹹麵包、甜麵包種類更多樣化。以下介紹的麵包是由麵包研究所 Painlabo 的池田浩明精選，快來看看這些厲害的麵包吧！

文字：池田浩明（麵包研究所 Painlabo 的撰文兼攝影），
著有《讓吐司更好吃的 99 種魔法》（GuideWorks 出版）
麵包商品介紹文字：Discover Japan 編輯部

鹹麵包

以下要介紹的鹹麵包，是指在麵包中夾入、包入或者排上鹹餡料的麵包。餡料包括炒麵、咖哩、蔬菜、肉類、豬排、起司等等。

8.5公分

微辣的感覺，
這就是「配料麵包」
的頂級風味。

Yakisoba

炒麵麵包

在這個低醣瘦身飲食全盛的世代，炒麵麵包就像是舉著造反的旗幟，鼓吹碳水化合物加上碳水化合物的組合。不過美食當前，就別反對了吧！過多的卡路里本身就可以讓你感受到違禁的快樂。

何況，並不是單純都是碳水化合物而已，而是鬆軟的麵包搭配滑順的麵條，在口中形成的二重奏。「雖然這樣說，但麵包店的炒麵麵包大都是先做好，再放在店裡賣的啊？」有人會這樣質疑。正因為會擺置一段時間，所以像這種很容易拉斷的麵條，就更要下工夫做得好吃，反而出人意料地美味。當然更不用說，很多人都是被滲入麵包的伍斯特醬給迷得暈頭轉向。

最近也開始出現了隨點現做（a la minute）的型態。現做的熱騰騰炒麵，「嘿咻！」夾入麵包中，已經有店舖提供這樣的服務。不過目前還沒有看到從麵條就開始現場製作的方式。近來流行的自製炒麵風潮，如果與麵包結合的話，炒麵麵包的黃金時代就會到來了吧！

切面

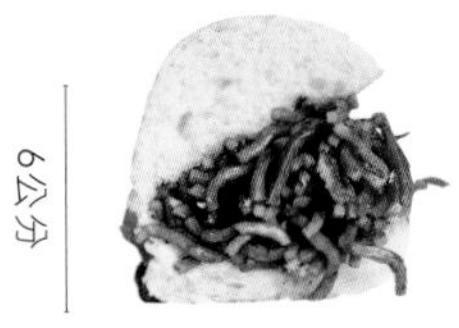

6公分

5.5公分

「ia coupe」
炒麵麵包（原味）

使用蒸煮過的Q彈麵條製作的炒麵麵包。不加美乃滋，而是用濃厚的醬汁均勻拌入炒麵中，以紅薑提味。

重量：171克

食材：炒麵、豬肉、高麗菜、紅薑

「SONKA」
法國炒麵麵包

法國麵包專門店特別製作的法國炒麵麵包，顛覆了目前炒麵麵包的概念。香噴噴的長棍麵包，與炒麵醬汁的香氣很合拍。裡面的小香腸也是重點食材。

重量：121克

食材：炒麵、小香腸、舞菇、魷魚條、薑

切面

5.6公分

7公分

清脆的法式長棍麵包中塞滿好料，
麵條香滑順口，醬汁果香四溢，
令人意外的日法聯盟。

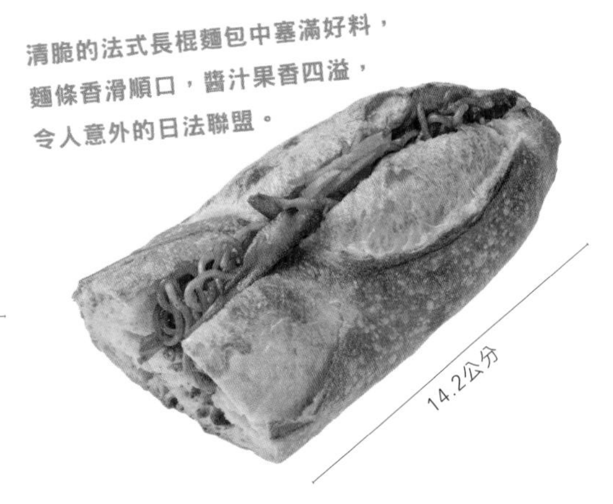

14.2公分

「大家的麵包店」
炒麵熱狗麵包

份量十足的炒麵麵包。炒麵使用的是關西風的粗麵條。豬肉和高麗菜的份量十足。熗辣的醬汁與美乃滋融為一體，是餓肚子上班族的好朋友。

重量：171克

食材：炒麵、豬肉、高麗菜、紅薑

切面

7.9公分

4.5公分

Q彈的粗麵條、
關西風醬汁的濃厚與鹹味，
熟成的長形麵包展現出優雅的風味。

17公分

16公分

長形麵包濃濃的香氣，香甜柔軟。
和醬汁的味道融合在一起，引發了鄉愁的情緒。

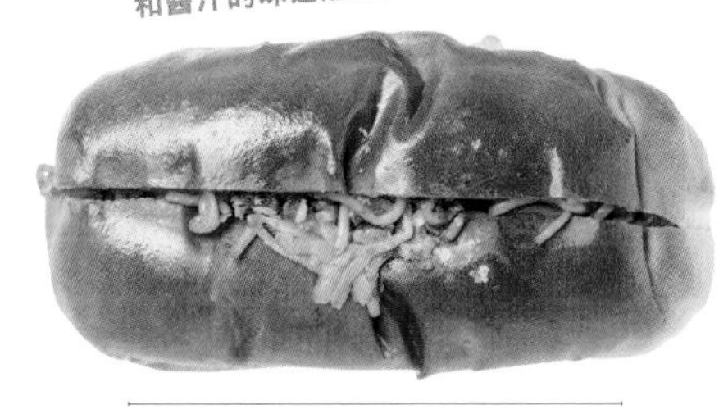

14.5公分

甜甜的醬汁、甜甜的高麗菜、甜甜的麵包。
Q彈的麵條由鄰家的製麵所提供。

「藤乃木製麵包店」
炒麵麵包

開業超過五十年，廣受當地人喜愛的老字號麵包店。麵包使用的是香甜柔軟的熱狗麵包。炒麵的調味稍微濃厚一些，是這家店的特點。是會讓人想起小時候的懷舊炒麵麵包。

重量：119克

食材：炒麵、豬肉、高麗菜、紅薑

切面

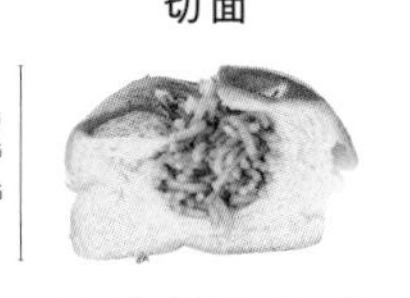

5公分

8公分

「mixture bakery & café」
炒麵熱狗麵包

與當地的連結非常重要，所以使用同一條商店街製麵所的麵條。一定要用醬汁調味的炒麵麵包，醬汁與炒麵要確實拌勻。

重量：171克

食材：炒麵、豬肉、高麗菜、紅薑

切面

4.5公分

7.2公分

Curry

咖哩麵包

散發出紅酒芬芳的鷹嘴豆滋味。
甘美的辛香料不會過於刺激。

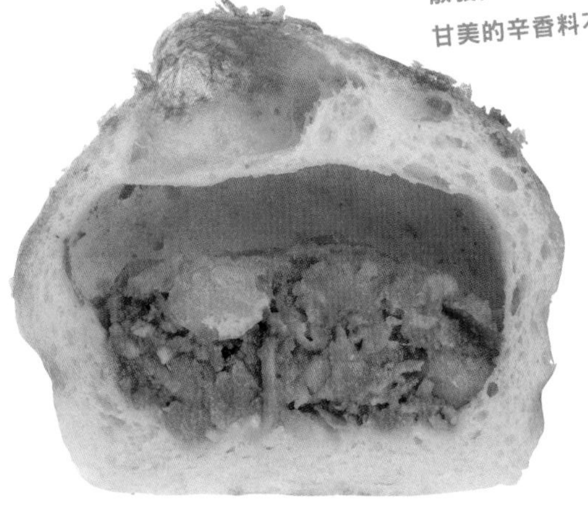

讓人想望的圓形麵包，在滾燙的油中游泳，具有光澤的酥脆麵衣，咬下去咔哩咔哩。裡面包著熱騰騰的濃稠咖哩醬汁，濃厚的肉香四處飄散。

應該不會有人不喜歡咖哩麵包。有時候為了咖哩麵包，就算排上幾個小時也在所不辭。為什麼會讓人這麼瘋狂呢？

咖哩麵包，集合了油炸、肉汁，以及香甜的麵包（一般會使用多拿滋麵團），這三種讓人類味覺感到快樂的瘋狂物質。然後再加上辛香料的調味，呼吸因此急促，全身也熱了起來，整個人都變得很有精神，簡直就是具有身心作用的迷幻藥。

咖哩麵包的進化停不下來。「使用骰子牛肉」、「提供現炸咖哩麵包」等進階做法，或是比咖哩專門店更講求辛香料的使用，運用法國料理的技巧以紅酒燉煮等，各式技術不斷持續進步。這就是人們對咖哩麵包充滿想望，無法終止的證明。

「Boulangerie bée」
印度肉末Keema咖哩麵包

味道豐厚的Keema咖哩麵包，大量使用自製的印度沾醬，夏天用杏子、冬天用蘋果來燉煮。外層裹上自製的麵包粉，溢出淡淡的橄欖油香氣。

重量：91克
食材：洋蔥、椰子、罐頭番茄、豬絞肉、鷹嘴豆

整個

7.9公分

7.9公分

「Boulangerie 14區」
大塊蔬菜的烤咖哩麵包

橄欖油麵團經過低溫長時間發酵，所以口感濕潤有彈性。咖哩中加入小牛高湯提味。因為是用烤製而成，所以熱量較低，同時可以攝取到蔬菜，是讓人開心的麵包。

重量：123克
食材：茄子、綠花椰、南瓜、胡蘿蔔等

切面

3.5公分

10.5公分

從麵包中露出臉來的蔬菜。
溫潤的咖哩是讓蔬菜變得
更好吃的醬汁。

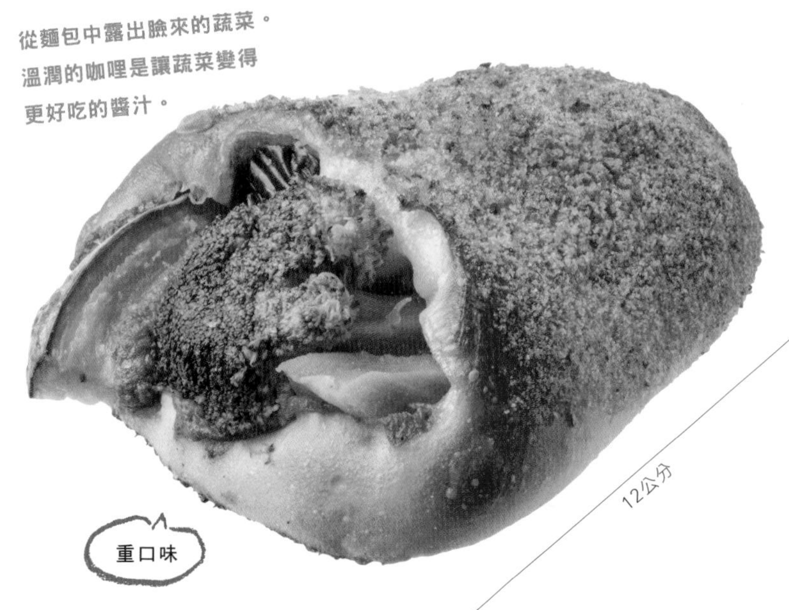

12公分

重口味

柔嫩的大塊豬五花，
入口即化的油脂，
讓人發狂的美味。

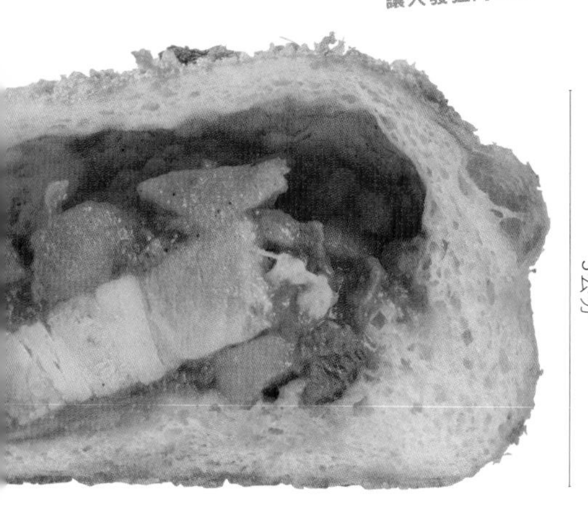
5公分

「co-mame bakery」咖哩麵包

炸得酥脆的麵團，裡面包了大量的培根、馬鈴薯、豆類等食材。厚切培根的鹹味與油脂融合在咖哩中，十分搭配。是一款口味豐厚的咖哩麵包。

重量：107克

食材：培根、馬鈴薯、胡蘿蔔

整個

8.5公分
9公分

炸裂的丁狀麵包粉，
濃厚的內餡，
邊吃會邊吸氣的辛辣香料口味。

「panaderia Siesta」咖哩麵包

以辛辣的絞肉為基底的咖哩。外層包裹著大顆的麵包粉油炸而成。使用了三種辛香料，所以辣度十足，但同時能感受到炒洋蔥等蔬菜的甘美。

重量：100克

食材：豬絞肉、洋蔥、胡蘿蔔

整個

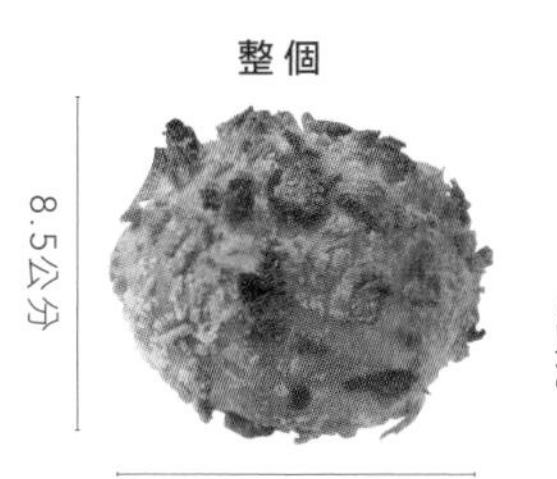
8.5公分
8.5公分

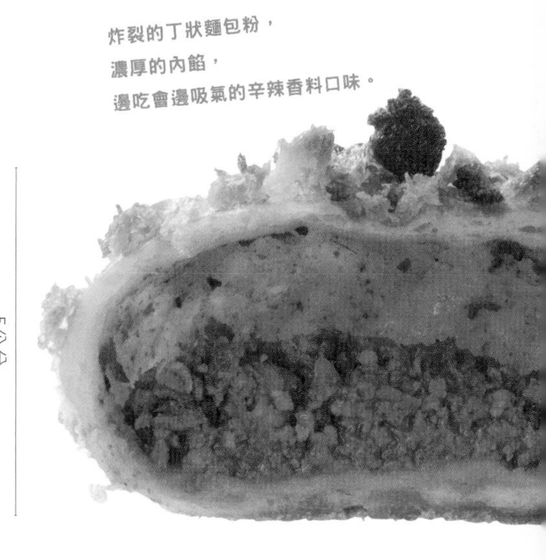
5公分

麵團加入馬鈴薯。
咖哩是甘甜的醬汁口味，
很有京都家常配菜的感覺。
具有深度的甜味。

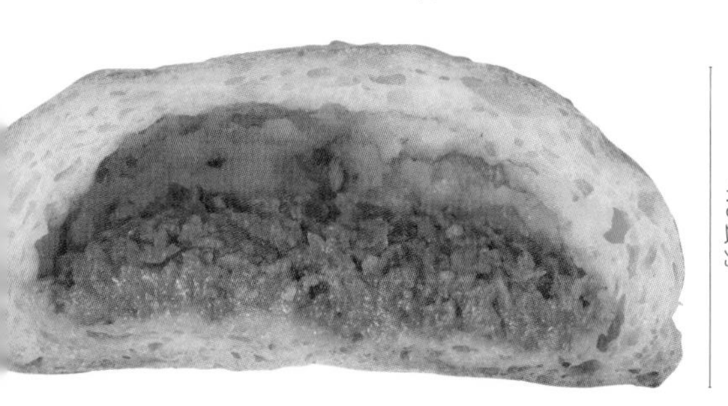
4.5公分

「klore」咖哩麵包

把引出蔬菜甘甜的印度香辣咖哩肉醬，包裹在「馬鈴薯麵團」中烤製而成的咖哩麵包。蔬菜與絞肉的美味，加入馬鈴薯揉成的麵團，還有辛香料的風味，讓人回味無窮。

重量：171克

食材：洋蔥、胡蘿蔔、西洋芹、青椒、豬牛絞肉

整個

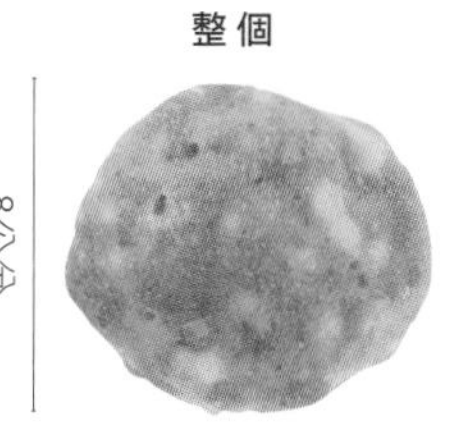
8公分
10公分

「Boulangerie Seiji Asakura」
咖哩麵包

切成大塊的蔬菜，加入自製的咖哩，燉煮得香氣四溢。辛辣的內餡與包裹著麵團的起司香氣十分搭配。

重量：140克
食材：起司、彩椒、櫛瓜、馬鈴薯、美乃滋

整個

10公分

10公分

是辛香料嗎？還是酵母呢？散發出不可思議的香氣，裡面包著融化的起司，充滿驚喜。

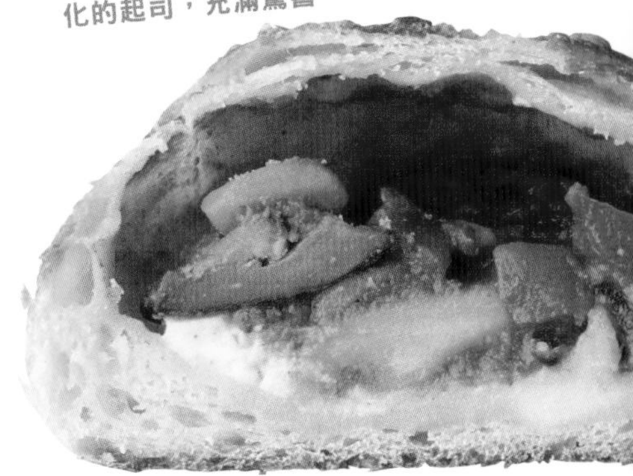

5公分

感覺像高級的法國料理一樣，優雅的肉香、有深度的醬汁、南瓜醬的甘甜，在在引人食欲。

5.5公分

「365日」
咖哩麵包

藍瑞斯豬（Landrace）絞肉和七種辛香料製成的咖哩。使用浸泡半乾番茄的橄欖油烤製而成。辛辣的味道中散發地瓜的甘甜。

重量：74克
食材：豬絞肉、洋蔥、培根、香草

整個

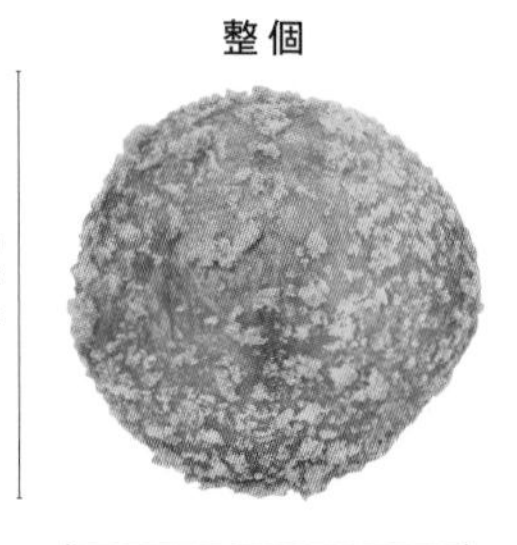

8公分

8公分

點餐後現炸，絕對是熱騰騰入口。辛香料是師傅使出渾身解數製作的原創調味。

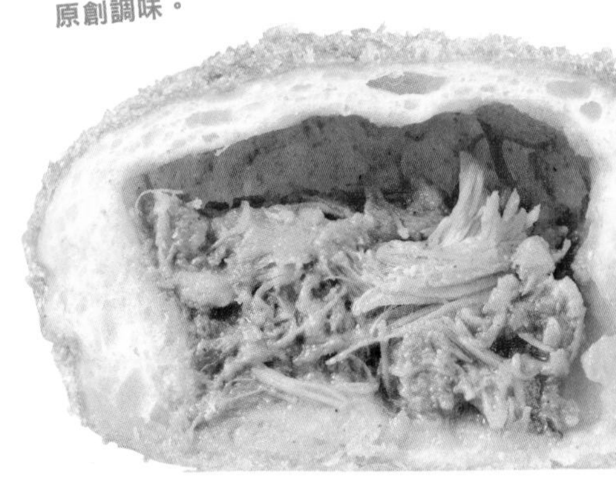

5公分

「Boulangerie Shima」
咖哩麵包

點餐後現炸的咖哩麵包。酥脆的麵衣，滑順的咖哩。咖哩用十種辛香料燉煮而成，是會讓人上癮的味道。

重量：75克
食材：雞肉、洋蔥、番茄、十種辛香料

整個

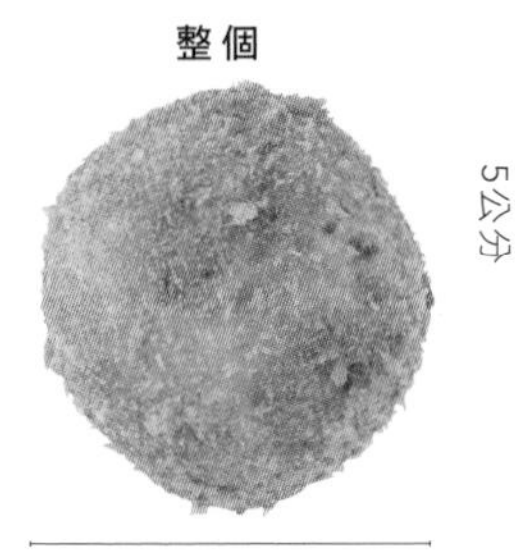

8公分

8公分

「Backstube Zopf」
咖哩麵包

使用十三種辛香料製成，滿滿的咖哩內餡，剛油炸好的香味讓人垂涎欲滴。辛辣的咖哩本身就很美味，麵包粉則是使用有著淡淡甜味的自製餐包。

重量：129克
食材：洋蔥、胡蘿蔔、金時紅豆、豬絞肉

「Le Sucre-Coeur」
Nabin印度料理的
咖哩麵包

使用肥後橋印度料理名店Nabin的雞肉咖哩。兩種豆類加上複雜的辛香料，讓你的五臟六腑慢慢暖和起來。可以客製化加入香菜等，呈現出創新的風味。

食材：彩椒、香菜、紫高麗

Meat
肉類麵包

麵包店販賣的肉類麵包，使用的肉大概就是那樣吧！我們通常會有這樣的成見。但是近年來，出現了許多超越這種概念的特別麵包。

首先是巨大化。突出麵包體本身，或是超級厚的肉片。「這要怎麼吃啊！」發出喜悅的慘叫。好不容易張大嘴巴咬下去的瞬間，彷彿是打開了肉食動物的開關。眼睛充血，呼吸急促，沉醉在進食當中，完全回復野生狀態。

再來是有深度。麵包的異業合作現在極為風行。法式餐廳或是加工肉品專門店現在也加入行列。例如低溫調理的伊比利豬肉，這原本在餐廳光是前菜就要花上不少錢才能吃到的東西，變成麵包以後，普通價格便能吃到高級的肉了。不管是誰都吃得起美味的食物，現在就是這樣美好的時代。好想大聲吶喊「麵包萬歲」！

「Boulangerie tateru yoshino ty+」
紅酒燉煮牛頬肉切片麵包

慢火燉煮的牛頬肉，放上焗烤馬鈴薯。燉煮到入口即化的牛頬肉非常具有特色。麵團加入甜菜染成粉紅色，也很少見。

重量：102克
食材：牛頬肉、馬鈴薯

切面

4公分

7公分

為了鎖住燉煮牛肉的肉汁，所以搭配了滿滿的焗烤馬鈴薯泥以及胡蘿蔔泥。

11.5公分

「PATH」
自製火腿與卡門貝爾起司三明治

濕潤多汁的自製火腿，奶香滑順的卡門貝爾起司，還有淡淡酸味的鄉村麵包，真是絕妙組合。中間夾上厚片奶油，增加濃厚風味，更凸顯整體的美味。

重量：168克
食材：自製火腿、卡門貝爾起司、奶油

真豐富！

切面

4.5公分

6.5公分

Q彈的火腿、融化的奶油、奶香滑順的卡門貝爾起司。層層疊疊的香甜滋味，充滿魅力。

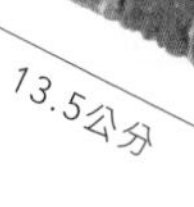

13.5公分

切面

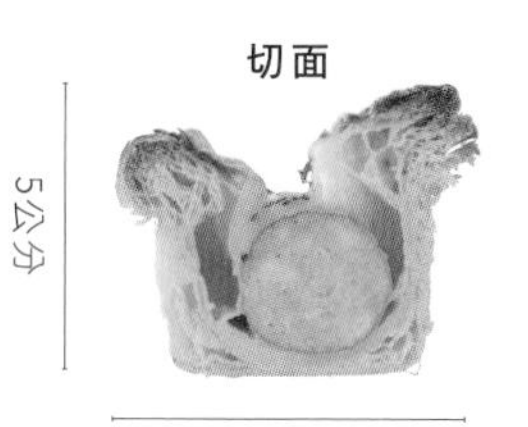

5公分

6.5公分

直接突出來，
夾都夾不住的自製
超粗法蘭克熱狗。
奶油風、肉汁雨。

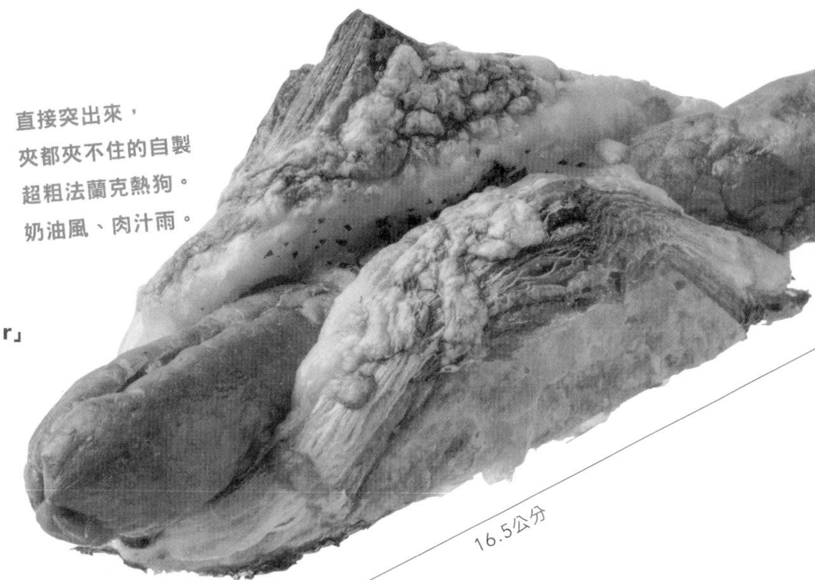

16.5公分

「Boulangerie Bonheur」
手作熱狗可頌

酥脆的招牌可頌麵團，直接放上一整根超粗的法蘭克熱狗，烤製而成的麵包。粗絞肉的熱狗鮮美多汁，口感更是Q彈有嚼勁。

重量：138克
食材：法蘭克熱狗

一口咬下好幾塊甜甜鹹鹹風味的豬肉，
快感不言而喻。
薑汁燒肉定食的美味完美掌握在手中。

「龜井堂」
生薑燒肉漢堡

使用甜甜鹹鹹風味醬汁調味的豬肉，搭配洋蔥做成生薑燒肉，另外還加入美乃滋。雖然這樣味道有點太重，但輕脆的萵苣能夠調和口味，變得剛剛好。

重量：119克
食材：薑燒豬肉、萵苣、高麗菜

切面

6公分

10.5公分

12公分

散發油脂與肉香的西班牙生火腿，
搭配香甜的奶油可頌，是命中注定的邂逅。

11.5公分

「Mallorca」
西班牙生火腿可頌

西班牙王室御用美食店製作的麵包。口感輕盈的可頌，豪華地夾上滿出來的生火腿。鹹得剛剛好的生火腿與奶油真是絕佳組合。

重量：54克
食材：生火腿

切面

3.7公分

6.5公分

「Nemo Bakery & Cafe」
豬排三明治

北野武曾說：「這個好吃！」於是這個豬排三明治便成了節目外景便當的選擇之一。使用津輕地雞的腿肉製作的豪華雞排，充滿能量與飽足感。

重量：340克
食材：津輕地雞（符合血統與養殖規定）腿肉、高麗菜

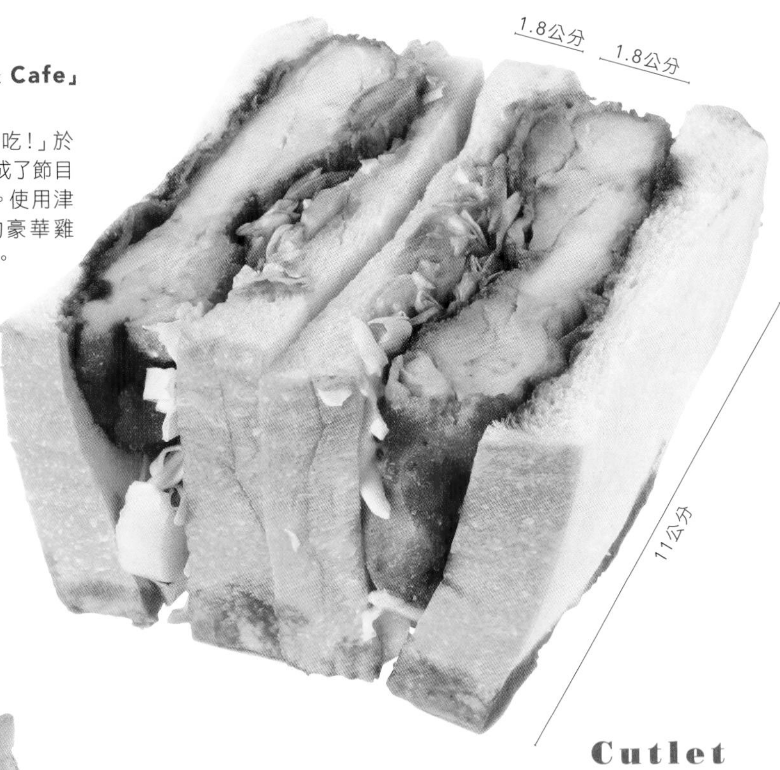

北野武也愛吃的
巨大雞排三明治。

11公分
11公分
1.8公分 2公分

吸滿醬汁的吐司，
充滿藝術性的官能。

「Loin Montagne」
豬排三明治

熟練的師傅製作的吐司，一片塗上顆粒芥末醬，另一片塗上帶有酸味與水果味的焙煎芝麻淋醬，中間夾上厚片豬肩里肌肉。味道相互調和成一體，呈現藝術的口感。

重量：122克
食材：豬肩里肌肉

Cutlet

豬排麵包

對於豬排三明治的欲望，大家進化的方向都一樣，就是要「更厚一點，更軟一點。」我們對於豬排三明治的切面一直都很著迷，現在流行的萌斷面，對於豬排三明治來說，早在數十年前就是如此了。白白嫩嫩的厚片豬肉，怎麼可能不挑動我們的食欲呢？

以前只有到高級西餐廳那樣遙不可及的地方才能吃到的食物。但是現在，因為萌豬排革命的緣故，就像法國革命時，市民奮起大喊：「我們要吃白麵包！」一樣，現代人則是無意識地傳達出：「給我大塊豬排，越厚越好！」的訊息。所以，現在在各種場合都可以吃到萌豬排三明治。不只是麵包店，酒吧、時髦的咖啡廳、東京車站、羽田機場，甚至是便利商店，也都賣起了厚片萌豬排。可以去看看7-11或是Lawson（日本超商）的三明治展示架，豬排的厚度一定會讓你感到驚訝，下一秒便忍不住自動拿了豬排三明治去櫃台結帳吧！

完全自製，
完全清爽。

1公分
2公分

「宇田川」
豬排三明治

打開盒子，第一眼看到的是厚實的豬排，但引人注目的不只是這一點而已。果香中帶有辛辣味道的醬汁，配上薄吐司、豬排與高麗菜絲，全體呈現出驚人的完成度。

重量：約410克
食材：豬腰內肉、高麗菜

感覺應該跟下面更結合，
讓人家知道他們是一起的

「SORA 八雲店」
豬排三明治

全部都是自製，全部都很健康。充滿果香的豬排沾醬，不帶腥味的豬肉，很有存在感的吐司，感覺好好吃。油炸後也很美味的自製麵包粉，將豬排與吐司連結起來。

重量：263克
食材：岐阜縣Gobar豬腿肉片、高麗菜

挑動人心，簡直是要蹦出來的豬排。
活生生的美味呈現在眼前！

「Choushi屋」
生火腿三明治

油亮亮的麵衣粒粒分明，加上一杓醬汁就好像要跳起舞來。令人懷念的吐司使用懷舊的包裝紙，飄散出昭和時代的氣氛。

重量：248克
食材：豬里肌肉

有飽足感

「井泉本店」
豬排三明治

第一印象，是像白色的方塊。雞胸肉一般細緻的豬腰內肉，真的就是「可以用筷子夾斷」。透過白色的瘦肉，而不是脂肪的部分，來一決勝負。顛覆了豬排三明治＝咖啡色的印象。

重量：230克
食材：豬腰內肉

矗立在萬世橋的
肉品殿堂。
與厚實的肉片
對抗的禁欲感。

「肉之萬世　秋葉原本店餐廳」
豬排三明治

矗立在秋葉原萬世橋的肉品殿堂，在這裡就可以吃到現做的「豬排三明治」。吐司中間只夾了肉，沒有蔬菜，醬汁也不會太甜，可以充分享受肉排本身的美味。

重量：245克
食材：豬里肌肉

如此奢華，如此快樂，
在成人的空間中臣服於
里肌肉的美味。

「GINZA 1954」
豬排三明治

經營了半世紀以上的酒吧。宮城生產的糯米豬，只取里肌肉中間最嫩的部分來使用。切成厚片，還帶著一點紅色，非常珍貴稀少。里肌肉除去了脂肪，一樣多汁但口感更纖細。

重量：340克
食材：宮崎縣生產三元豬糯米豬里肌肉中間的部分

「Miyazawa」
豬排三明治

充滿果香的醬汁，咬起來外酥內軟的豬排。特別烤製的香厚吐司，酸酸甜甜的醬汁，在口中融為一體，散發美味。

重量：210克
食材：日本豬腰內肉、高麗菜

甘甜醬汁完全滲透，
溫暖而柔嫩的豬排。

1公分
1.5公分
9公分

你曾用筷子夾斷過
豬排三明治嗎？

「煉瓦亭」
豬排三明治

醬汁不是使用豬排醬而是多明格拉斯醬（demi-glace）。甘美的醬汁滲入了豬肉、麵包、蔬菜當中，然後再加上代替高麗菜的洋蔥所散發的甜與辣。一層層的甜味重疊起來，呈現出非常迷人的甘美。

重量：310克
食材：日本豬里肌肉、洋蔥切片

老店的歷史濃縮成的多蜜醬汁，
是如此迷人地甘美。

海鮮濃湯與麵包的成功結合。在海鮮濃湯中游泳的蝦子、花枝、蛤蜊。

Fish

魚肉麵包

麵包搭配魚，和搭配肉類相比，感覺可能比較清淡，不過市面上其實推出的種類很多。土耳其有鯖魚三明治。白肉魚裹粉油炸的魚排，當然是歐洲隨處可見的招牌料理。生鮭魚直接擺在麵包上製成的開放式三明治，則是北歐的知名料理。那麼最喜歡吃魚的日本人又如何呢？黑鮪魚、海膽、鰤魚、鮭魚卵……巷子裡到處都可以吃到好吃的魚，但在麵包店好像就不是這樣。新鮮的魚貨，有處理與管理的問題，所以比較少人使用。

不過，現在已經有越來越多麵包店想要挑戰用魚來製作。代表日本的魚貝類麵包，當然就是明太子法國麵包。最近許多麵包店將本場博多美味的明太子與新鮮奶油混合起來。另外也推薦可以搭配紅酒的生鮭或油漬沙丁魚三明治。

「Bread & Coffee Ikedayama」
海鮮濃湯切片麵包

鄉村麵包塗上海鮮濃湯醬，然後放上蝦子、蛤蜊、蔬菜、起司烤製而成。充滿魚貝鮮味的海鮮濃湯醬，與海鮮類的食材最為搭配。

重量：245克
食材：蝦子、蛤蜊、花枝、綠花椰、洋蔥

切面

法式長棍麵包的空氣感，搭配明太子的辣、海洋的香、奶油的甜，讓人垂涎欲滴。

「OPAN」
明太子法國麵包

明太子法國麵包，能夠在口中確實感受到明太子特有的顆粒口感。酥脆的麵包加上明太子的鹹味，融為一體的感覺，讓美味更上層樓。

重量：82克
食材：明太子

切面
4.2公分
5.8公分

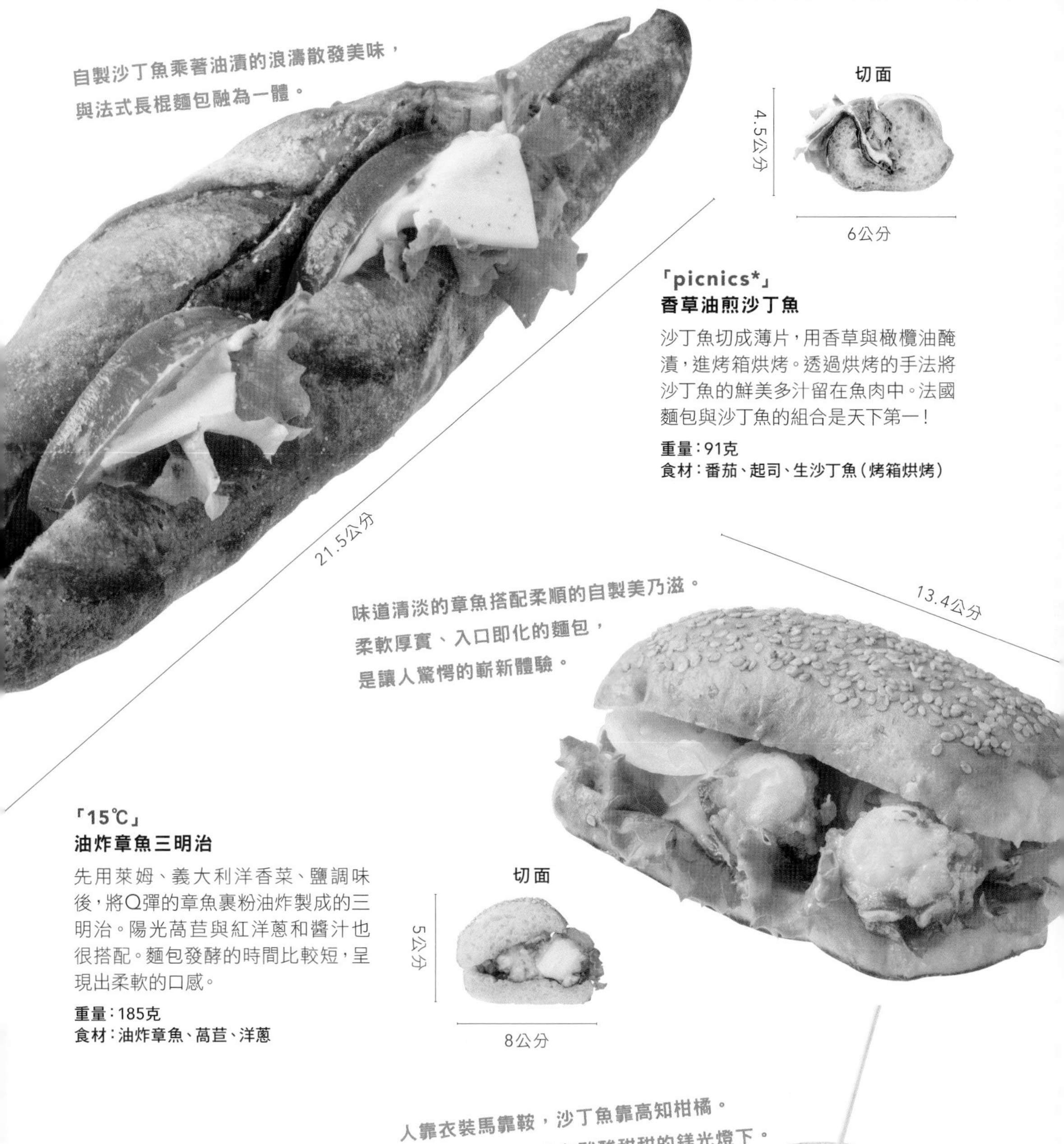

「picnics*」
香草油煎沙丁魚

沙丁魚切成薄片，用香草與橄欖油醃漬，進烤箱烘烤。透過烘烤的手法將沙丁魚的鮮美多汁留在魚肉中。法國麵包與沙丁魚的組合是天下第一！

重量：91克
食材：番茄、起司、生沙丁魚（烤箱烘烤）

「15℃」
油炸章魚三明治

先用萊姆、義大利洋香菜、鹽調味後，將Q彈的章魚裹粉油炸製成的三明治。陽光萵苣與紅洋蔥和醬汁也很搭配。麵包發酵的時間比較短，呈現出柔軟的口感。

重量：185克
食材：油炸章魚、萵苣、洋蔥

切面
5公分
8公分

「Blanc」
油漬沙丁魚與山北柑橘

小酒館風味的三明治。使用高知縣生產的食材，大塊自製油漬沙丁魚與柑橘的創新組合，新鮮又美味。與麵包的芥末抹醬味道也很搭配。

重量：203克
食材：油漬沙丁魚、山北柑橘、陽光萵苣

Vegetable

蔬菜麵包

蔬菜與麵包之間的關係怎麼切也切不斷，不管是哪種蔬菜都和麵包很搭。我們平常可能會無意識地去區別可以搭麵包或不太搭麵包的蔬菜。高麗菜或萵苣會直接夾在麵包裡，但蓮藕的話，就會先煮熟了才放入麵包，類似這樣的差別。不過，蓮藕仔細用火烤透，或是搭配橄欖油、起司等，也能成為適合夾在麵包裡的食材。如果能不受先入為主的觀念拘束，真正自由地去搭配蔬菜與麵包，那麼就能體驗到嶄新的美味。

例如Boulangerie Sudo的馬鈴薯切片麵包。我們多半會認為，麵包要夾馬鈴薯的話，就一定是做成馬鈴薯沙拉（這也難怪，因為馬鈴薯沙拉實在太好吃）。可是，馬鈴薯切片麵包掙脫了這樣的桎梏，開創了碳水化合物x碳水化合物的新境界。又例如像Cicoute Bakery的切片麵包也是，因為太過平常所以不會去注意的蔥，在這裡讓我們獲得了新的感動。

顏色鮮豔的
橄欖排列成行。
麵包口感柔軟而有嚼勁。

「Nemo Bakery」
橄欖佛卡夏

不只是看起來柔軟，吃起來也很有嚼勁的佛卡夏，與橄欖的鹹味十分搭配。新鮮的綠橄欖與成熟的黑橄欖，呈現出雙重的樂趣。

重量：87克
食材：黑橄欖、綠橄欖

切面
2公分
7.4公分

「itokito」
菠菜與白醬披薩

起司底下是厚厚一層白醬的吐司披薩。順口的白醬豪華地大量塗抹，吃起來簡直和焗烤沒兩樣！

重量：134克
食材：菠菜、番茄、白醬、刨絲起司

切面
1.5公分
9.4公分

白醬、自製美乃滋，以及蔬菜的水分，
構成了豐潤鮮美多汁的披薩。

蔬菜披薩

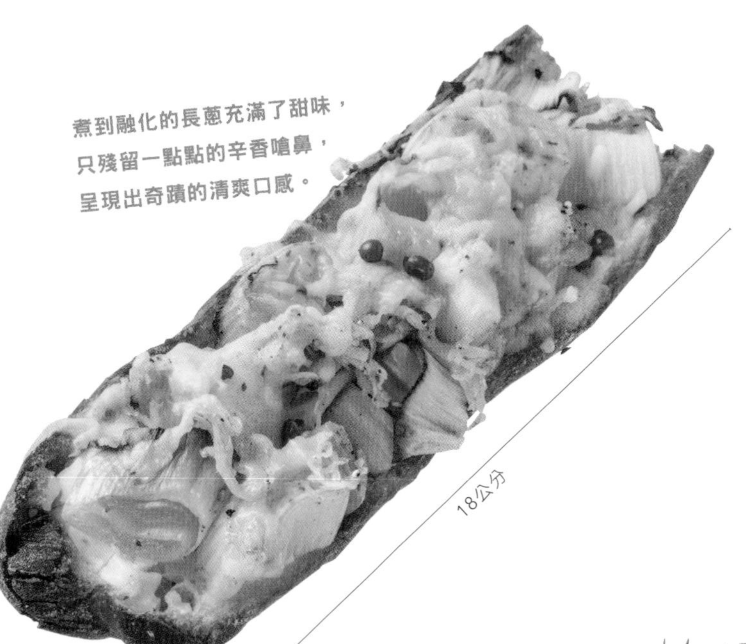

煮到融化的長蔥充滿了甜味，
只殘留一點點的辛香嗆鼻，
呈現出奇蹟的清爽口感。

「Cicoute Bakery」
烤長蔥與鯷魚切片麵包

以切成大塊的長蔥為主角的切片麵包。鯷魚的鹹味、濃厚的奶油起司、清爽甘甜的粉紅胡椒，精彩呈現出整體的風味。

重量：124克
食材：長蔥、鯷魚、奶油起司、葛瑞爾起司、粉紅胡椒

切面

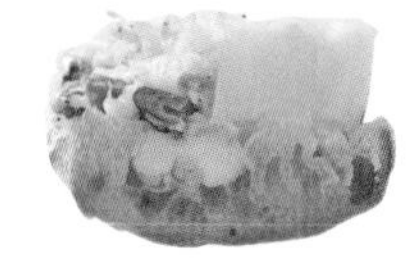

上門齒慘了，
一口咬下滿滿的馬鈴薯泥，
瞬間獲得全面的幸福。

「Boulangerie Sudo」
馬鈴薯切片麵包

使用葛瑞爾起司自製的濃厚白醬、法國生產的大蒜醬，加上迷迭香與橄欖油拌成的馬鈴薯泥，豪華地堆成了小山。

重量：204克
食材：馬鈴薯、葛瑞爾起司、白醬

切面

京都白味噌與美乃滋
搭配出甜美的魔法，
重新愛上綠花椰的滋味。

「klore」
綠花椰味噌美乃滋麵包

以當季蔬菜為主角的佛卡夏三明治。從注重有機或減藥農法的蔬菜店one drop進貨的蔬菜，使用清淡的白味噌更顯甘美，再加上美乃滋的酸味來提味。除了深具口感的綠花椰，夏天也會使用茄子或櫛瓜。

重量：110克
食材：綠花椰、起司

切面

Cheese

起司麵包

麵包與起司，應該沒有比這更相配的組合了。放在一起烘烤，麵包的香氣與起司的奶香，牽絲的起司與酥脆的麵包，融為一體呈現和諧的口感。

起司麵包的基本款，大家應該都同意是披薩吐司。而近年來披薩吐司更為升級，變成起司加上蔬菜搭配佛卡夏。經典的起司麵包，則是法國麵包裡包著骰子狀的起司。另外還有用卡門貝爾、藍起司等多種起司混合而成的四種起司麵包。

藍起司也開始有人使用。藍起司、蜂蜜、胡桃這樣的組合已經被大眾所接受。同時也逐漸出現藍起司搭配南瓜之類的嶄新組合。

即點現做的三明治現在也有了很好的發展。除了從巴黎等地進口國外生產的最高級食材製作的奶油火腿國民三明治之外，也出現從世界及日本各地進貨的起司，讓顧客自己選擇喜歡的麵包來製作的麵包店。

融化的大量起司。
用麵包呈現出讓人嚮往的
瑞士料理拉可雷特起司
（Raclette）。

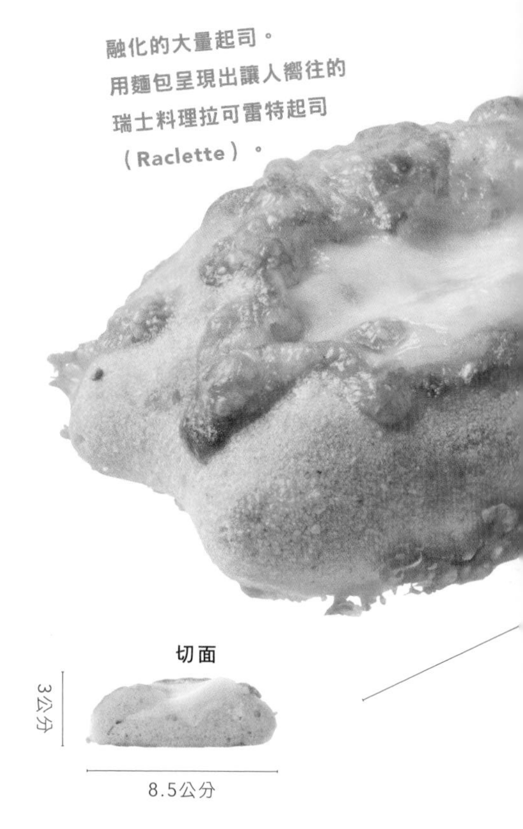

切面

3公分

8.5公分

14公分

不只是起司，包括番茄、
芹菜、醃漬小黃瓜都一起融化，
滿溢出來的湯汁
連麵包都完全滲透。

切面

3.5公分

5.5公分

「Tolo Sand Haus」

鮪魚焗烤三明治

味道濃厚的起司、清爽的醃漬小黃瓜與番茄、輕脆的西洋芹，全部融為一體，創造出具有深度與魅力風味的開放式三明治。

重量：324克
食材：切達起司、番茄、西洋芹、鮪魚、刨絲起司

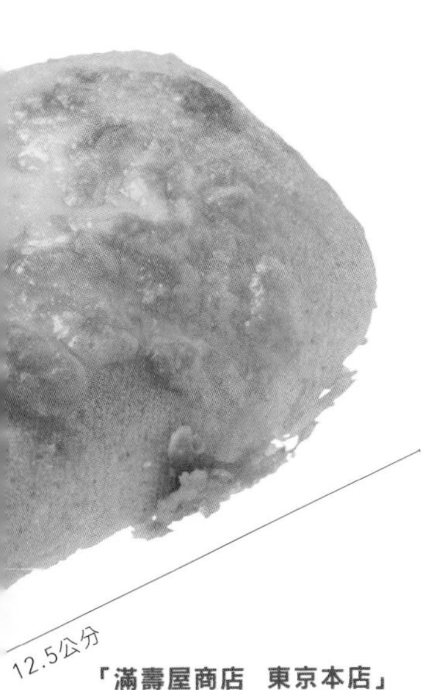

柔軟的麵團、融化的起司、
清爽的里肌火腿，
是最完美的平衡。

「滿壽屋商店　東京本店」
融化的起司麵包

麵團是採用北香麵粉製作的鄉村麵包，中間包了大量十勝生產的濃厚起司。使用了非常珍貴的十勝植物性溫泉洗式起司等五種起司。

重量：134克
食材：起司

切面

「Nemo Bakery & Cafe」
菠菜佛卡夏

佛卡夏麵團搭配白醬、菠菜、里肌火腿、瑪利波起司。為了突顯出清淡食材的風味，調味就更加簡化。最後噴上一層橄欖油，讓麵包的香氣更濃郁。

重量：104克
食材：菠菜、里肌火腿、瑪利波起司、白醬

13公分

底面烤出小麥鍋巴，
麵包內部充滿多汁的麥香，
是北海島小麥才能創造的奇蹟。

「Comète」
佛卡夏

曾在巴黎的世界名店「Du Pain et des Idées」擔任二廚的老闆，所製作的洋蔥佛卡夏。煮透的洋蔥散發出甘甜氣味，再撒上紅洋蔥絲點綴。越嚼越能感受到小麥的風味。

重量：100克
食材：紅洋蔥

切面

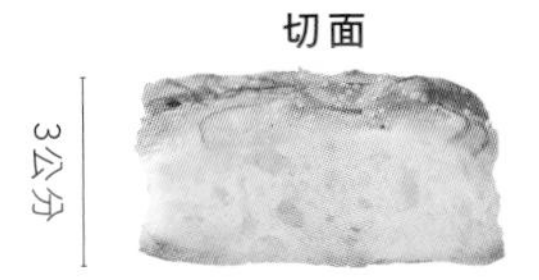

墨西哥辣椒的熗辣麻痺了舌頭，
起司的乳香隨後起了療癒作用。
展現了埋下伏筆之後
進行回收的風味。

11.2公分

「Boulangerie L' ecrin」
墨西哥辣椒與起司

墨西哥辣椒的熗辣與起司濃厚的風味，在口中充分展現。與美味的麵包非常搭配。推薦烘烤之後食用，享受麵包的香氣與起司融化的口感。

重量：103克
食材：墨西哥辣椒、起司

切面

加入紅酒揉製成的麵團，
具有絲質般的口感。
擴散在口中的，
是優雅的紅豆風味。

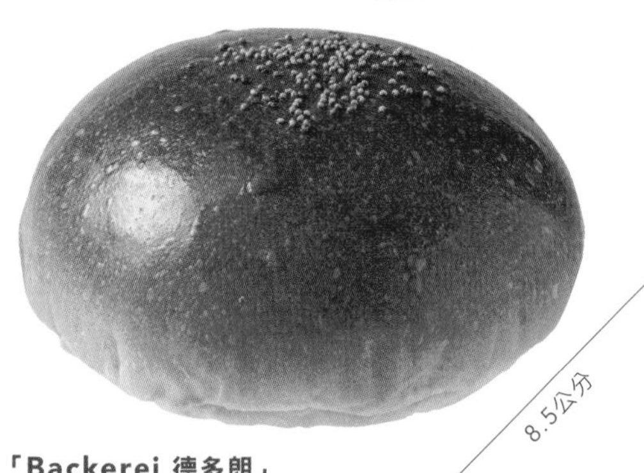

「Backerei 德多朗」
紅豆麵包

北海道生產有機栽培的紅豆。自創店以來，紅豆粒餡都是每天現煮。升級之後加上奶油，風味更是美妙。絕對要嘗嘗看剛出爐的味道。

重量：123克
食材：自製紅豆餡

切面

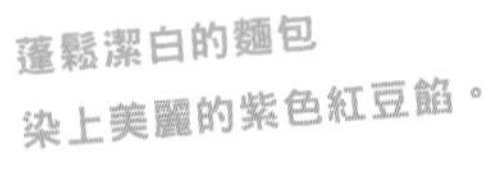

Beab Paste
紅豆麵包

明治七年（西元1874年），木村安兵衛與英三郎父子發明出讓日本人足以自豪的紅豆麵包。清爽的麵包讓紅豆內餡不會顯得過於死甜。這不但是日本人的心之所向，也是味覺的故鄉。

與傳統的紅豆麵包抗衡，勢力逐漸擴大的新興種類，則是紅豆奶油麵包。因為不想製作過於傳統的日式紅豆麵包，所以改成用原味的麵包，夾上紅豆餡以及一整塊奶油，油脂的美味加上奶香的甘甜，讓人忍不住一口接一口。抗衡的部分不只這樣，一般的麵包店會用普通甜麵包的麵團，歐式麵包店則會很時髦地使用布里歐麵團。雖然大多數店舖會從專門製作紅豆餡的店家進貨，不過，也是有用心自製紅豆餡的麵包店。

我認為紅豆麵包是唯一和日本茶很搭配的麵包。當然如果配牛奶的話會有懷舊的感覺，配咖啡則會突顯豆子或果香的味道。

蓬鬆潔白的麵包
染上美麗的紫色紅豆餡。

「Loin Montagne」
紅豆麵包

低糖的紅豆餡包裹在長時間低溫發酵的麵團中。使用白神小玉這種野生酵母，製作成皮薄柔軟的麵團。上面點綴的鹽漬櫻花與紅豆餡非常搭配。

重量：58克
食材：紅豆餡、鹽漬櫻花

切面

4公分
9.5公分

「TORAYA CAFÉ AN STAND 新宿店」
紅豆三明治

用小倉紅豆餡製作的紅豆醬，搭配Le Petitmec的白吐司製作成三明治。和菓子老店製作的紅豆餡與麵包之間達成了完美的平衡。非常推薦當作伴手禮之用。

重量：140克
食材：紅豆醬（小倉紅豆餡）、奶油

傳統的麵包與黏糊的紅豆餡，味道濃厚。與名店Le Petitmec豐厚的長形麵包非常和諧搭配。

雖然是全麥麵包，卻十分Q彈濕潤，易入口。大量的奶油與紅豆餡，讓人產生罪惡感。

實際大小

從爺爺那一代起單脈相傳的自製紅豆餡。鬆軟扎實的紅豆餡包在麵團中，入口即化。

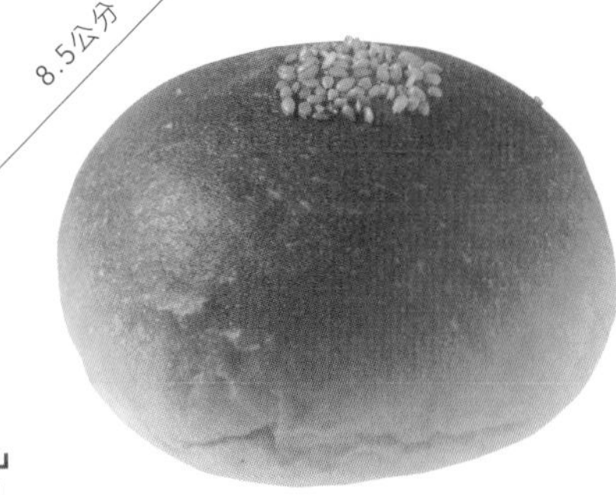

「GARDEN HOUSE CRAFTS[S]」
十勝紅豆餡奶油全穀粒圓麵包

以特殊的石臼磨出的細緻全穀粒麵粉所製作的Q彈麵包。紅豆餡是100%使用十勝生產契約栽種的紅豆。仔細咀嚼後，全穀粒的甜味與香氣在口中擴散開來，與紅豆餡和有鹽奶油形成完美的組合。

重量：123克
食材：十勝生產契約栽種小麥與100%紅豆餡、有鹽奶油

切面

「喜福堂」
紅豆麵包

大正五年（西元1916年）創店的老舖。加入冰砂糖攪拌而成的甘甜紅豆餡，豪華地包入紅豆麵包中。內餡從以前到現在都是扎實濃厚的味道。紅豆餡撒上白芝麻，是這家店的標記。

重量：90克
食材：紅豆餡

切面

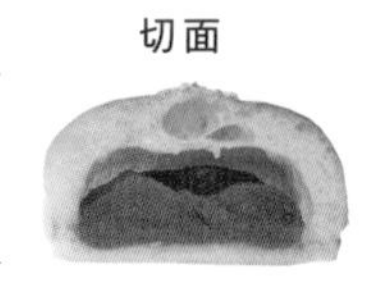

濃稠與酥脆戲劇性的相遇。
克林姆豐厚的甜味，
像海浪一樣一波波襲來。

Cream

克林姆麵包

小時候曾經用水球惡作劇過。在氣球裡面灌水，然後丟到馬路上讓水球炸開。我喜歡的克林姆麵包就是這樣的感覺。蓬鬆柔軟的麵包，一口咬下去，湧出大量的卡士達醬，甜味在口中爆發，和入口即化的麵包一起消失。此外，香草也好、雞蛋也好、牛奶也好，吃的人反而為食材的風味所傾倒，彷彿整個人被淹沒一般，實在很了不起。

正統的克林姆麵包使用的是甜麵包的麵團。但現在因為食材有越來越高級的趨勢，克林姆麵包也開始採用濃郁的布里歐或可頌麵團。

克林姆本身也產生許多變化，例如和鮮奶油一起做成雙餡口味，或是巧克力克林姆。也有搭配使用糖煮或是新鮮水果的路線，豪華起來可說是沒有止境。

「Chant d' Oiseau」
克林姆可頌

由甜點師傅製作的克林姆麵包。酥脆多層的可頌，中間一點都沒有空隙。卡士達醬也十分綿密。加入了香草豆莢，口味層次豐富。

重量：58克
食材：卡士達醬

切面

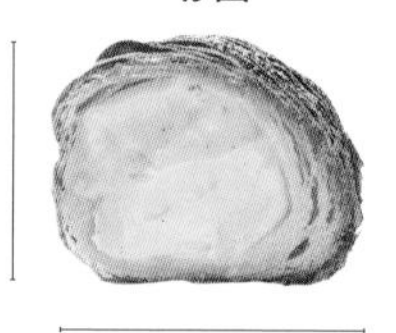

「三日月堂」
克林姆麵包

加入些微洋酒，是非常高級完美的卡士達醬。內餡滿滿都是這種攪拌到非常均勻滑順的克林姆，外面包裹著能夠襯托出甜美風味的麵團。

重量：93克
食材：卡士達醬

切面

從麵團與克林姆散發出
奶油與蛋的風味，
香醇的味道令人迷醉。

「pour-kur」
克林姆麵包

用布里歐麵團包裹著自製的卡士達醬，外頭撒上杏仁片。隨著季節，克林姆麵包的口味也會改變。

重量：82克
食材：卡士達醬

切面

5.5公分

8公分

7.6公分

皮薄Q彈的麵團，
流出像布丁一樣濃稠的克林姆，
在口中香氣四溢。

11.5公分

復古外形

拿起來彷彿就會裂開
般柔軟的麵包，
在喉嚨激烈燃燒的克
林姆夕陽。

切面

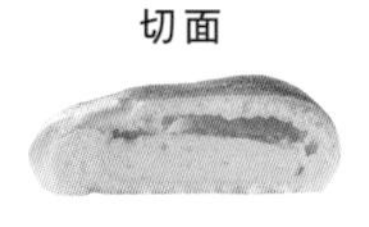

2.8公分

8.4公分

「PANYA komorebi」
克林姆麵包

閃耀著咖啡色光澤，香氣四溢的克林姆麵包。使用馬達加斯加生產的香草豆莢。會在舌尖殘留些許口感的克林姆，散發出令人懷念的甜美氣息。

重量：87克
食材：克林姆

7公分

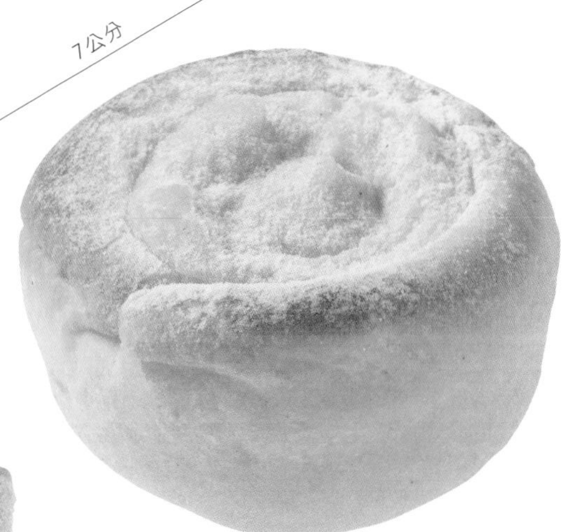

杯子狀的麵團，
可以加入更多的克林姆，
濃厚得讓人受不了。

「Le Grenier a Pain」
克林姆布里歐

濃郁的維也納麵團，搭配使用了許多香草豆莢的卡士達醬。像柔軟的泡芙包裹著大量卡士達醬一樣，雞蛋的風味十分突出，甜味也很濃厚強烈。

重量：90克
食材：卡士達醬

切面

4公分

8公分

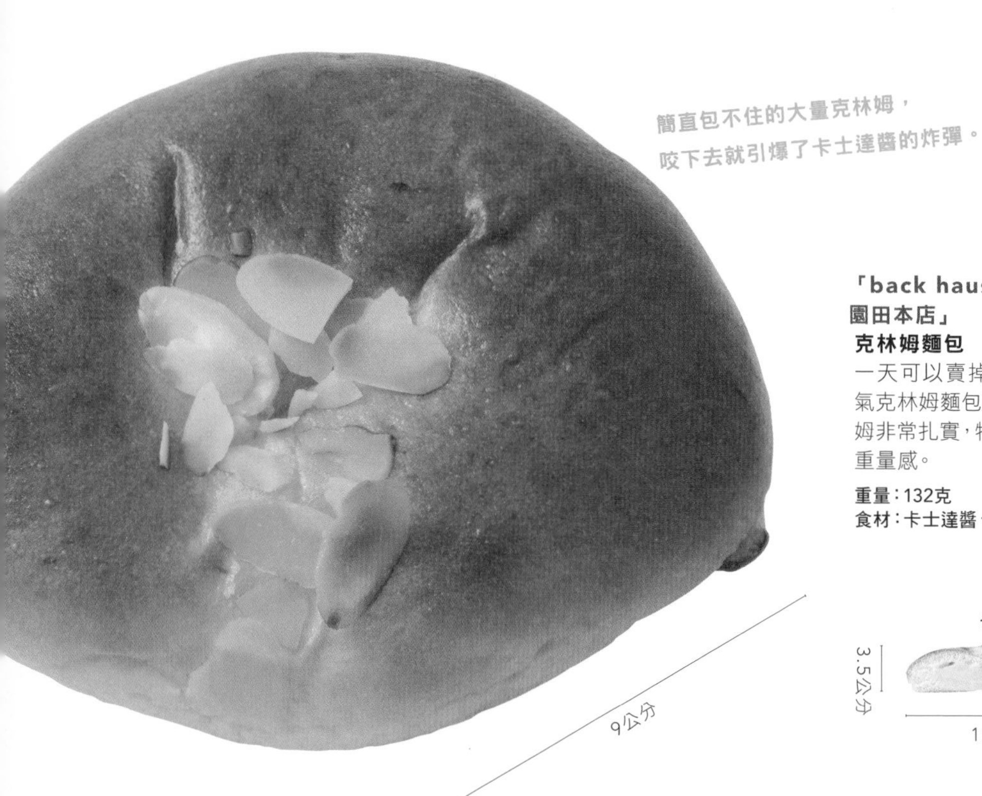

簡直包不住的大量克林姆，
咬下去就引爆了卡士達醬的炸彈。

「back haus IRIE 園田本店」
克林姆麵包

一天可以賣掉三千個的人氣克林姆麵包。濃厚的克林姆非常扎實，特徵就是具有重量感。

重量：132克
食材：卡士達醬、杏仁片

切面

3.5公分

12公分

人類的理想。
鬆軟的麵包
加上柔順的克林姆。

濃郁香氣

「nukumuku」
克林姆麵包

使用自製克林姆，是很引以為豪的克林姆麵包。克林姆的味道當然好，鬆軟的麵包也是絕對讓人一吃就愛上。圓圓的外形看起來很可愛，和麵包店的商標長得很像，可說是自豪的招牌商品。

重量：124克
食材：卡士達醬

切面

5.5公分

7.5公分

樣子與味道
都讓人憐愛的克林姆麵包

10公分

「LOULOUTTE」
克林姆麵包

烤得特別鬆脆的布里歐，中間包著甜味豐厚的濃稠卡士達醬。這樣的克林姆麵包，充滿了不管任何人看到都會眼睛一亮的要素。

重量：52克
食材：卡士達醬

切面

5公分

9.5公分

和克林姆一起入口即化的麵團。
實在太過美味，
連腦袋都要融化了。

「Pandaeria TIGARE」
克林姆麵包

超人氣麵包店的克林姆麵包。濃稠的克林姆非常受歡迎。散發出白蘭地香氣的克林姆，和麵包一起入口即化。外頭撒上糖粉，呈現優雅溫柔的口感。

重量：60克
食材：卡士達醬

切面

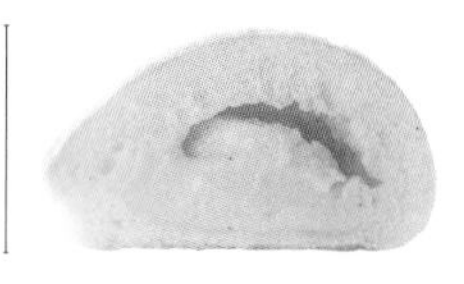

4.0公分

6.5公分

10.5公分

10公分

「PUISSANCE」
克林姆麵包

濃稠豐厚的卡士達醬，散發出香草的氣味。薄皮的布里歐麵團包著大量的克林姆，如同直接大口吃起了克林姆的感覺。

重量：52克
食材：卡士達醬

切面

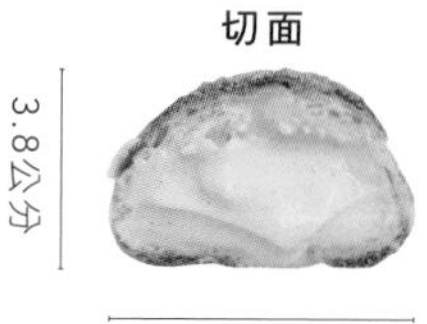

3.8公分

6公分

彷彿要黏住舌頭，濃稠豐厚的克林姆，
散發出明顯的香草風味。

多拿滋的時代使用的是杏桃果醬。
果實滋味與油脂的相遇，
呈現小惡魔般的風貌。

切面

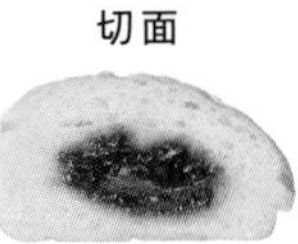

「Himmel」
柏林人多拿滋

德國傳統的油炸麵包。口感鬆軟的麵包，包裹著酸甜的覆盆子果醬。外頭撒上糖粉，突顯甜蜜的風味。另外還有克林姆口味。

重量：85克
食材：覆盆子果醬

20.5公分

覆盆子紅色的煙火鮮烈地散落。
奶油融化的甘美，
更增添火光的豔麗。

Jam

果醬麵包

大家可能不知道，果醬麵包的始祖也是銀座的木村屋。不過果醬麵包比紅豆麵包要晚上二十六年，是在明治三十三年（西元1901年）的時候誕生。最初的果醬麵包並不是草莓口味，而是使用杏桃果醬。當時的日本，草莓是非常珍貴罕見的水果。

麵包夾果醬究竟是從何發想而來？目前的推測，是木村屋的水谷健司，看到德國的多拿滋裡面灌了果醬，因此得到靈感。的確，Backerei Himmel在德國學藝的主廚所製作的柏林人多拿滋，裡面灌入了覆盆子果醬，和果醬麵包十分類似。

在法國，果醬被稱為「confiture」。法國人會怎麼吃果醬呢？大概就是把法式長棍麵包縱向剖開，和奶油一起塗在麵包上吃。深愛法國的Bonnet D'ane主廚所製作的切片麵包，就有點這樣的感覺。

「Bonnet D'ane」
覆盆子果醬與新鮮奶油切片麵包

點餐之後才開始當場製作的切片麵包。濃厚的奶油配上酸甜的自製果醬，融合於口中產生更深一層的風味。

重量：86克
食材：自製果醬、無鹽奶油

切面

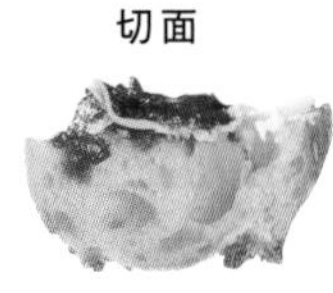

牛奶克林姆的陣陣甜味，
與蘋果果醬真是絕配。

8.2公分

切面

6公分

8.2公分

「uneclef」
特羅佩麵包

上圖這款特羅佩麵包（tropezienne）是將布里歐麵團切半，中間夾上煉乳與奶油調製成的柔順牛奶克林姆，與自製蘋果果醬。隨著季節改變果醬種類。

重量：75克
食材：牛奶克林姆、蘋果果醬

8.2公分

樸素的麵團，濃厚的草莓果醬。
不添加多餘的成分，
完全是小麥與果實的結合。

「Katane Bakery」
果醬麵包

剝開樸素的圓麵包，裡面滿滿的自製草莓果醬。呈現草莓顆粒的口感，是令人懷念、柔順甜美的果醬。因為尺寸不大，兩三口就可以吃光光。

重量：40克
食材：草莓果醬

切面

4.8公分

8公分

實際大小

果醬麵包的始祖使用的是杏桃果醬。
入口即化的柔軟麵團，搭配黏答答的果醬，
展現了令人訝異的甜美。

「木村屋總本店　銀座本店」
果醬麵包

日本最初的果醬麵包。製作成柿種（柿子的種子）仙貝的形狀，木村屋之外很少看到這樣的麵包，是令人懷念的原味手作甜麵包。

重量：195克
食材：杏桃果醬

11.1公分

切面

8.5公分

6.2公分

夢想成真！
到尾端都還可以吃到巧克力醬。
在吃得滿手是巧克力，
發出歡喜悲鳴時來到最高潮。

可愛造型

12.8公分

Chocolate

巧克力麵包

說到巧克力麵包，日本人第一個想到的就是巧克力螺旋麵包吧！麵包不但是食物，也是盛裝巧克力醬的容器。既是容器也是食物，融化的冰涼液態巧克力，和柔軟的麵包融為一體，是一項非常了不起的發明。

對法國人來說，巧克力麵包（Pain au chocolat）只有一種，就是可頌麵團中間捲了條狀巧克力。奶油與巧克力據說最為相配，再加上一杯咖啡歐蕾，便能感覺到無上的幸福。

在使用麵種（也就是天然酵母）的麵包店，可以找到好吃的巧克力麵包。原因是法國等地生產的巧克力帶有酸味，味道也很持久，和麵種的酸味以及複雜的發酵風味非常相配。另外也很適合黑麥或全穀粒麵粉，因此，如果用鄉村麵包之類的樸素麵包來搭配巧克力，絕對會很好吃。

「Akari Bakery」
巧克力螺旋麵包

原味的巧克力醬甜味與苦味之間的平衡非常恰當。麵團也是搭配巧克力醬的口味，入口即化。

重量：77克
食材：巧克力克林姆

切面

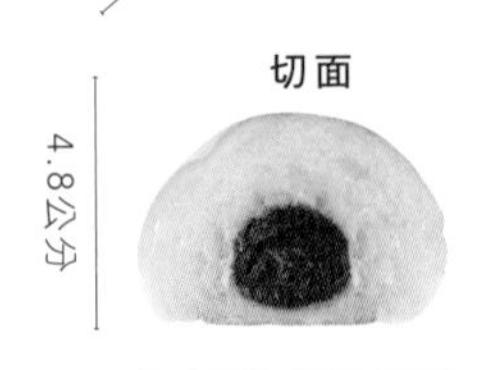

4.8公分

6.5公分

10公分

Q彈與濃稠的口感。
黑麥與苦巧克力發出無上快樂的共鳴。

切面

4公分

4公分

「cimai」
巧克力黑麥麵包

口感香氣強烈的黑麥麵團，加入驚人份量的巧克力。對於喜歡巧克力的人來說，是無法抵抗的一種麵包。苦巧克力的味道與麵包本身的酸味非常調和。

重量：80克
食材：巧克力

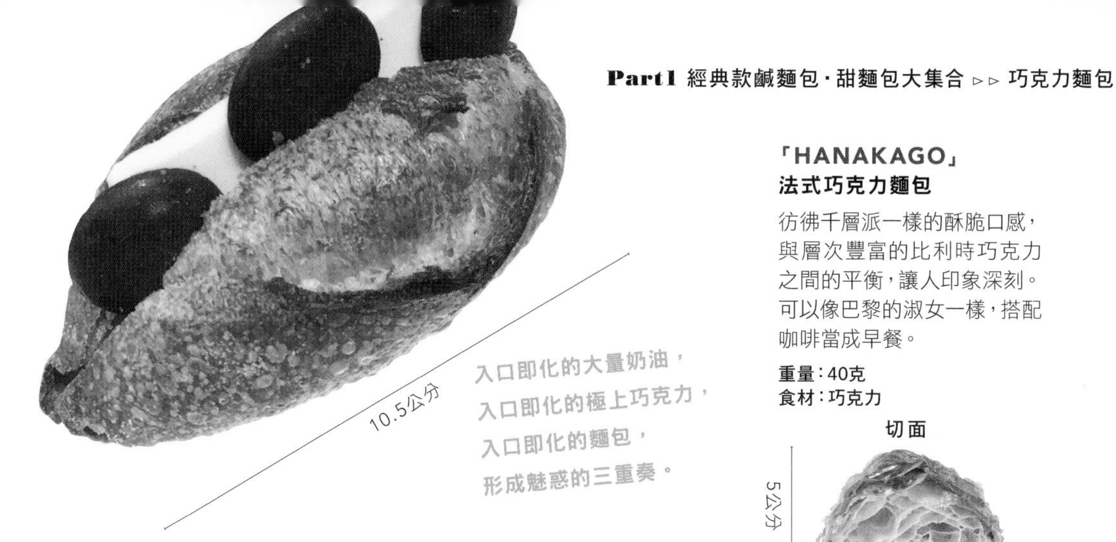

入口即化的大量奶油，
入口即化的極上巧克力，
入口即化的麵包，
形成魅惑的三重奏。

「HANAKAGO」
法式巧克力麵包

彷彿千層派一樣的酥脆口感，與層次豐富的比利時巧克力之間的平衡，讓人印象深刻。可以像巴黎的淑女一樣，搭配咖啡當成早餐。

重量：40克
食材：巧克力

切面

「Le Ressort」
巧克力55

看起來像起司的無鹽奶油，以及三片含有55%可可的比利時調溫巧克力，製成這款三明治。輕脆的苦巧克力與柔順的奶油，融化在法式長棍麵包中，呈現最佳組合。

重量：80克
食材：巧克力、無鹽奶油

切面

由原本是甜點師傅的麵包師傅製作，
麵團與巧克力呈現黃金比例。

魯邦種麵包與巧克力，
酸味與甘美交織的魔法組合。

「Boulangerie Bistro EPEE」
有機巧克力魯邦吐司

滿滿的苦味巧克力。帶著酸味的麵團搭配高可可比例的巧克力，味道相輔相成。當成主食也很不錯。

重量：468克
食材：法國生產有機巧克力

切面

10.5公分

8公分

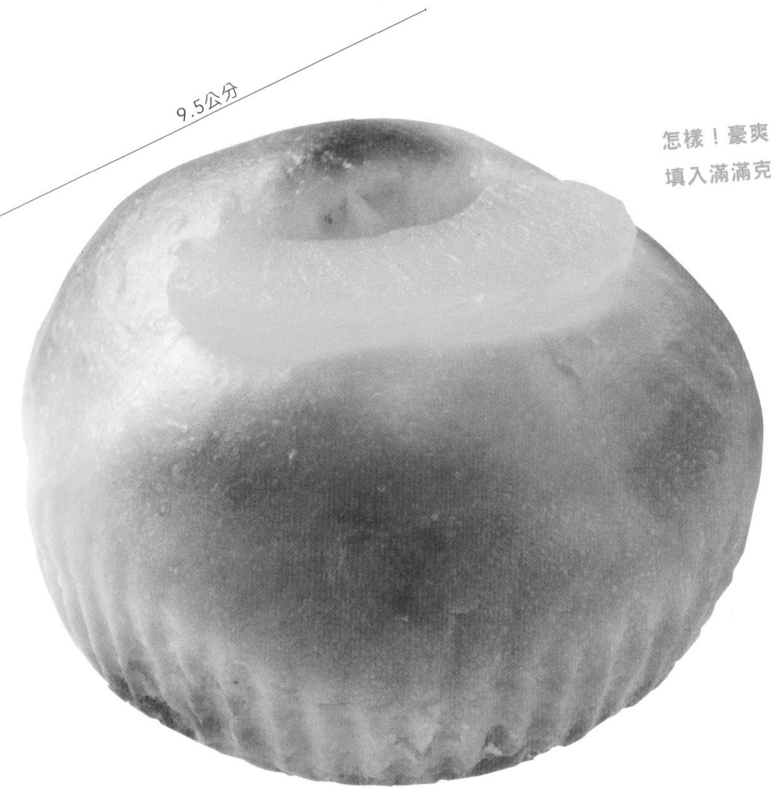

怎樣！豪爽地用了一整顆中間挖空，
填入滿滿克林姆的蘋果。

「Pain Stage Prologue」
蘋果卡士達麵包

以布里歐麵團包裹一整顆蘋果製成的麵包。蘋果挖空去芯，填入滿滿的卡士達醬。卡士達醬不會太甜，非常滑潤順口。

重量：214克
食材：蘋果、自製卡士達醬

切面

Fruits

水果麵包

水果與麵包有著切也切不斷的關係。首先，我們可以看到加入果乾的麵包，從葡萄乾吐司，到像鄉村麵包一樣麵團厚重，加入許多果乾的綜合果乾麵包，通通都是。還有像聖誕節時吃的德式聖誕麵包或義大利麵包，也可以算在裡面。歐洲從很久以前就發展出這種變化森林的恩賜，提升美味層次的做法。

另外，也有直接使用新鮮水果的麵包，像水果三明治就是水果搭配鮮奶油。還有在丹麥麵包上擺放新鮮的水果，看了就口水直流。使用桃子或芒果之類的水果，底下的卡士達醬混合流出來的水果汁液，是最棒的享受。

還有像使用糖漬水果的方式。嚴格說起來不算麵包，而是像蘋果派。丹麥麵包也流行這樣的做法。煮過的水果呈現濃縮的風味，好吃得讓人受不了。

以香甜焦糖口味的貝果，
搭配芳醇多汁的柿子，
完成這款美味的水果三明治。

「kepo bageles」
柿子三明治

半顆切成大塊的新鮮柿子，搭配奶油起司。加入葛縷子（羅馬小茴香）的德國麵包風味貝果，與柿子的甘甜和奶油起司的酸味非常合拍。

重量：86克
食材：柿子、奶油起司

「Crossroad Bakery」
柚子麵包

入口瞬間奶油香氣四溢的丹麥麵團。螺旋狀的麵包可以吃到細緻的絲狀柚子皮。香甜中帶著些微柚子原本的苦味，特殊的調和讓人上癮。

重量：92克
食材：柚子皮

切面

4公分
11.5公分

酥脆的螺旋麵包散發奶香！搭配柚子皮，呈現清爽口感。

12.5公分

再次確認當季水果的美味。

11.5公分

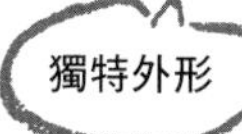

蘋果汁液慢慢滲入麵包當中。食材飽滿的香氣與甘甜讓人感動。

「germer」
季節水果丹麥麵包

使用當季水果的丹麥麵包系列，照片中是紅玉蘋果丹麥。自製的杏仁奶油搭配新鮮蘋果的酸味與清脆口感，香氣四溢的麵團與椰子的風味在口中擴散開來。

重量：66克
食材：蘋果

切面

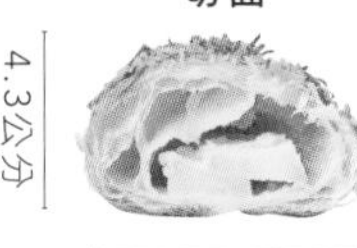

4.3公分
6.8公分

10公分

「Tarui Bakery」
蘋果鄉村麵包

使用全穀粒與黑麥麵粉製作的鄉村麵包，搭配大量燉煮得熟透、酸甜多汁的蘋果。可以感受到蘋果原本自然的酸甜風味。

重量：95克
食材：蘋果

切面

5公分
8公分

Melon

菠蘿麵包

有一段時間很流行混搭式甜點。像是可頌多拿滋或可頌貝果等從紐約傳來日本的麵包，不過其實也沒什麼大不了。日本人在很久以前的大正時期，就已經混搭了餅乾與麵包，創造出菠蘿麵包了呀！

現在，菠蘿麵包在世界各地都廣受歡迎。西方人似乎不太能接受紅豆麵包，因為豆子加糖去煮，吃起來總覺得奇怪。但餅乾與麵包結合，西方人就能夠接受。在巴黎的Gontran Cherrier，菠蘿麵包也是一項人氣商品。

菠蘿麵包也可以看成一種愛的結晶。餅乾與麵包，互補對方沒有的特質。餅乾為麵包貢獻了自己濃厚的甜美與奶香，麵包則為餅乾增添了對方沒有的空氣感。菠蘿麵包同時獲得了餅乾的香甜與麵包的輕盈，呈現出既鬆軟又酥脆的樣貌。

實際大小

9公分

麵包外頭覆上
一層餅乾皮，
願望就這樣完滿了。

「la Boulangerie Naif」
菠蘿麵包

長時間冷藏發酵的麵包麵團非常蓬鬆柔軟。覆蓋的餅乾麵團則是加入了大量的香草豆莢，烤焙出外皮酥脆的口感。

重量：79克
食材：香草豆莢

切面

4.4公分

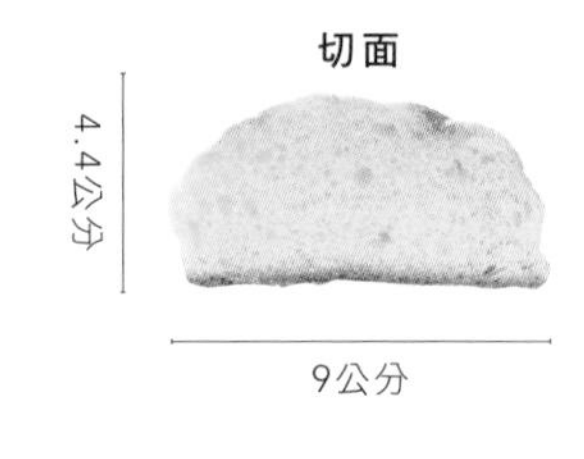

9公分

滋賀縣生產的斯佩爾特小麥
香氣不同一般。
這是前所未有，
以小麥為主角的菠蘿麵包。

9公分

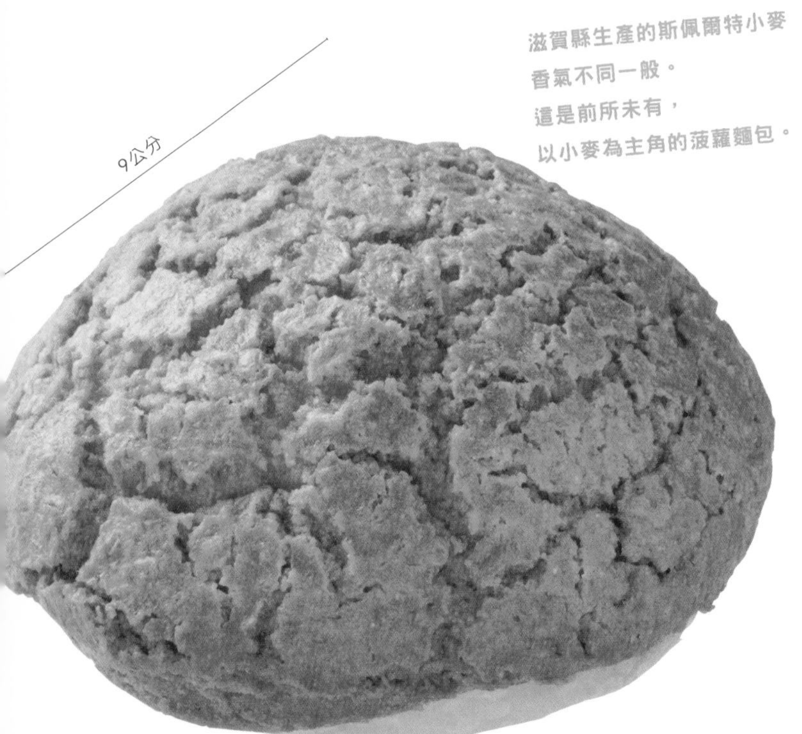

「Kanel Bread」
斯佩爾特小麥菠蘿麵包

濕潤甘甜的麵團，烤焙出香脆的餅乾外層，是這款菠蘿麵包的特色。餅乾外層非常厚實，具有存在感。

重量：74克
食材：斯佩爾特小麥

切面

5公分

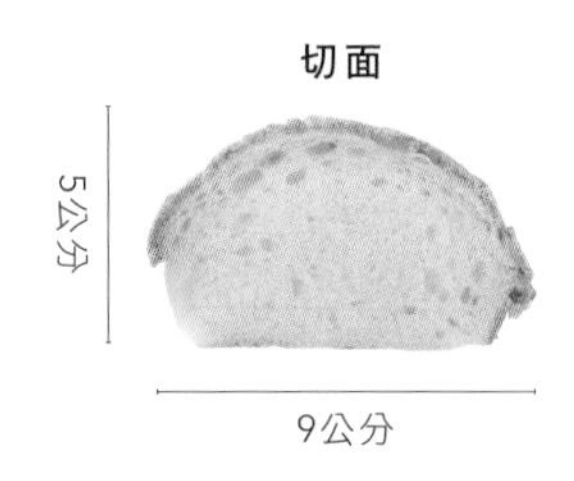

9公分

9.5公分

「下雨天也好颳風天也好」
抹茶朝陽麵包

宇治生產的抹茶，另外混入焙茶粉，呈現出茶香深度的菠蘿麵包。特殊的形狀讓外層餅乾的部分增多，中間則是香氣四溢的布里歐麵團。入口即化的美妙感受。

重量：65克
食材：抹茶

切面

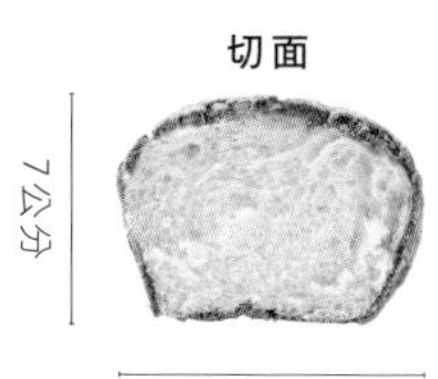

7公分

9.5公分

宇治抹茶的苦味與餅乾的甜味，
操弄著完全相反的兩個方向，
不可言喻的快樂。

10公分

「Gontran Cherrier新宿 Southern Terrace店」
菠蘿麵包

表面的顆粒是加了許多白糖蛋白霜。外層餅乾的部分帶有些微檸檬香氣。中間的麵團則是可頌質地，鬆脆充滿空氣感的口感是這款菠蘿麵包的特色。

重量：74克
食材：砂糖、蛋白

切面

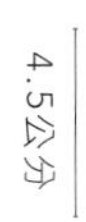

4.5公分

10公分

從法國本地吹過來的風，
飄散著濃厚的香草與奶油氣息。

加了許多香草的餅乾外層，
與大量奶油和雞蛋製作的麵團，互相較勁。

9.3公分

「soil by HOUTOU BAKERY」
抹茶菠蘿麵包

這款菠蘿麵包有著抹茶餅乾的外層，搭配白巧克力與黑醋栗克林姆的內餡。餅乾與帶著酸味的內餡呈現出絕妙的滋味。意外的組合與風味，讓人開心又訝異，很容易上癮。

重量：74克
食材：抹茶、黑醋栗克林姆

切面

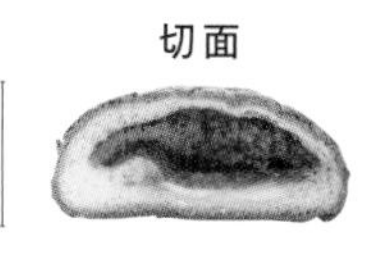

4.2公分

9.3公分

「JENSEN」
奶油螺旋捲

家族經營的丹麥麵包老店。奶油螺旋捲（smor snegl）中，「smor」是指奶油，「snegl」則是螺旋的意思。濕潤的口感，與香醇的奶油和肉桂的香氣融為一體，至福的滋味。

重量：75克
食材：肉桂、砂糖

切面

外酥內軟，特別濃厚的奶油，
忠實呈現丹麥麵包的原始樣貌。

10公分

Cinnamon

肉桂麵包

肉桂捲搞不好是一種毒品。不可思議的香氣衝入鼻子，在腦部產生作用。吃肉桂捲的時候，會感覺昏昏沉沉，有時甚至還會恍恍惚惚。過沒多久，又會開始嘴饞，不自覺地朝著麵包店走去。

肉桂捲是北歐的食物，除了肉桂之外，還會加入小豆蔻，兩者都具有暖身的效果。北歐人會在早餐的時候喝咖啡、吃肉桂捲，應該是為了抵禦寒冷的天氣而發展出的智慧。因為電影《海鷗食堂》大賣，市面上也開始常常看到芬蘭麵包捲（pulla）。長得像深度數眼鏡一樣的特殊卡通造型，稱為「korvapuusti」，意思是「被了打耳光的耳朵」。

咖啡與肉桂捲是最佳拍檔。咬一口肉桂捲，口中殘留著肉桂的甘甜，然後喝一口苦苦的咖啡。甜味被苦味中和，肉桂因咖啡而變得更美味。然後因為苦味想再吃些甜的，形成了永遠停不下來的循環。

加入大量鮮奶油的肉桂捲。
「鬆軟多汁」的快樂新境界。

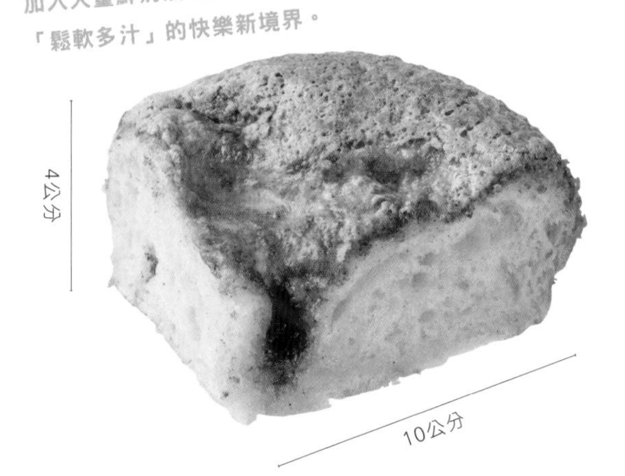

「Katane Bakery」
肉桂麵包

像蛋糕一樣切成一塊塊來賣，布里歐的麵團中加入許多的肉桂、鮮奶油、奶油糖霜。麵團本身就帶著雞蛋的甘甜，鬆軟的口感，入口即化。

重量：53克
食材：肉桂

「CEYLON」
肉桂捲

嚴選斯里蘭卡生產的錫蘭肉桂製成的豪華肉桂捲。用豆乳代替水拌入麵團，各種細節都非常講究。吃下去之後，鼻腔內高級的肉桂香氣久久不散，是最讓人期待的地方。

重量：117克
食材：肉桂

8公分

切面

7.2公分

8公分

肉桂捲專賣店每日限定200個的商品。斯里蘭卡生產的肉桂，是芬芳的毒品。

「FACTORY」
肉桂捲

麵團裡捲了葡萄乾與切碎的開心果，外層覆蓋大量糖霜。具有充足份量與飽足感的肉桂捲，也可以在店內食用。

重量：151克
食材：葡萄乾、開心果、肉桂

切面

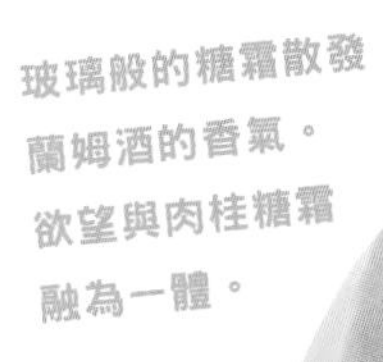

6.5公分

10.2公分

玻璃般的糖霜散發蘭姆酒的香氣。欲望與肉桂糖霜融為一體。

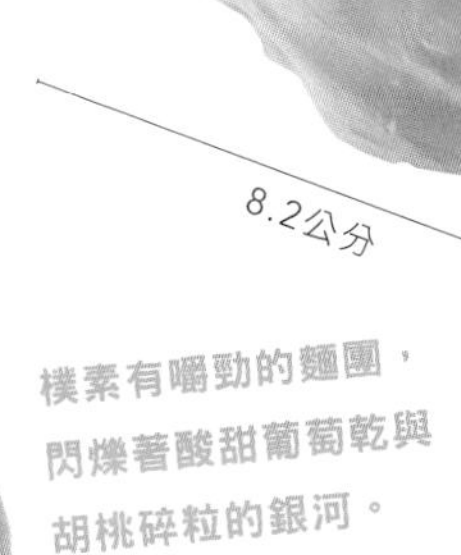

8.2公分

9公分

樸素有嚼勁的麵團，閃爍著酸甜葡萄乾與胡桃碎粒的銀河。

切面

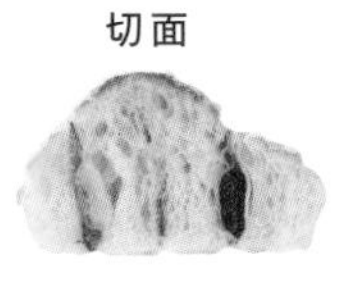

3.2公分

8公分

「griotte」
肉桂捲

以可頌麵團製作的肉桂捲。在感受到糖霜的甜與肉桂的香之前，蘭姆酒的味道先在口中整個散開。建議搭配紅酒食用。

重量：59克
食材：肉桂、蘭姆酒

麵包控不可不去的
日本魅力麵包名店

一眼望去展示架上，滿滿地排列著剛出爐的漂亮麵包。仔細品嘗麵包的香氣、形狀與口感，是最生活化的美食享受。除了一些流行款麵包，甜麵包、鹹麵包、法國麵包、三明治、吐司等，是許多麵包店的基本不敗款商品。在台灣、日本等亞洲地區，麵包是米飯之外，最為大眾接受的國民主食之一，尤其在日本，藉由麵包職人的堅持與努力，創作出許多兼具口感、風味和美觀的麵包。以下要為喜歡吃麵包的人介紹 28 家現在最受人注目、排隊必訪的名店與老舖，揭露每家店的招牌商品，即使無法親身品嘗，也能從圖片與文字中感受其魅力與誠意。

LE SUCRÉ - COEUR

德島縣「小野農園」的小紅蘿蔔

產地直送、有機農法生產的生菜

富井貴志的白漆餐盤

兵庫縣「Metzgerei Kusuda」的培根

任選三明治或麵包另加300日圓，即可享受使用有機生菜的沙拉與每日更換的食材（生火腿、起司等）製作的套餐。

愛媛縣
「Good Morning Farm」
的醃漬小黃瓜、茗荷、薑

法國古典餐具
「Christofle」的餐具

千葉縣「Fordelight」
的生火腿

奈良縣
「Kakimoto」
的餐具架

排隊必買！現在最受人注目的店家魅力面面觀

Le Sucré-Coeur大解析

嶄新出發的 Le Sucré-Coeur，堅持使用美味的食材與細緻的手法，
讓我們看到幸福的餐桌與美食的未來。

文字：清水美穗子
攝影：Mariko Taya

岩永先生一整天幾乎都在這個大烤箱前度過。早上 10 點，是法式長棍麵包出爐的時間。

Le Sucré-Coeur
人來人往，相互認識，共同分享，這就是麵包店存在的意義。

店主兼主廚
岩永步先生

透過麵包，鮮明地展現出「這就是我」的風格。

2016年初夏，位於大阪的人氣麵包店「Le Sucré-Coeur」本店，從吹田市岸部搬到北新地的新DAIBIRU大樓一樓，踏出嶄新的一步。新店的空間擁有充足的自然光源，門前院子的綠樹，映在大樓正面大片透明玻璃上，非常顯眼。左側靠裡面是蛋糕店「Patisserie quai montebello」，中間是咖啡專櫃，右側則是麵包的賣場。窗邊設有吧檯席位，露臺也另有雅座。

溫暖的仿舊展示架上，滿滿地排列著剛出爐的麵包。仔細品嘗麵包的香氣、形狀與口感。「喔喔，是麵包啊！」身心都能充分感受到滿滿的喜悅。這個世界上怎麼會有這麼好吃的麵包呢？「究竟好不好吃呢？麵包店的麵包當然要好吃。希望能讓大家覺得真的『好吃！』而不只是在自誇。製作方法倒是其次。」從早到晚幾乎都沒離開過烤箱前的負責人兼主廚岩永先生這麼說。

這家店的麵包如果要分類的話算是法式麵包，但開業超過十二年的現在，這裡的麵包已經成為Le Sucré -Coeur，或者說是岩永先生獨有的類型。因為岩永先生實際上透過麵包，鮮明地展現出「這就是我」的風格。這種表現能力與手法的範圍，是透過不分地區或領域，超越職業、年齡與國籍，在人與人連結的過程中，逐漸培養出來。

岩永先生常會離開廚房，前往沒有去過的地方，與未曾謀面的食材生產者見面。他非常希望能讓Le Sucré -Coeur成為生產者與消費者之間的橋梁，所以只要有機會去拜訪像是種植少量多樣美味蔬菜的有機農家，都會盡量把握。每次能夠用大小種類各異的生菜，讓三明治變得更

1 綠色市場提供生產者與消費者接觸的機會。 2&3 剛出爐的麵包色香味俱全。

豐盛美味，也就此傳達出當季時令農產品的價值。如此一來，工作的意義便再度提升。每個月的第二個星期六，會在店門口的露臺舉辦綠色市場。名為「北新地Green Market～我們是社區的大聲公」的活動，以「讓日常活動更加豐富有趣」為主題，邀請近畿、四國等地的蔬菜水果生產者，還有葡萄酒、味噌等食品的製造者，前來參加販售的愉快露天市場。透過Le Sucré -Coeur這個場地，從產品的源頭直接認識購買的體驗，這就是岩永先生認真想要傳達的，人與人之間的連結。

我想開一家比餐廳要來得氣氛輕鬆，能有許多客人前來的麵包店。

Le Sucré -Coeur的明星商品「L' Ami Jean」，是岩永先生覺得位於巴黎的同名餐廳氣氛「相當不錯」，想要模仿那裡自然堆放陳列的麵包，因此製作取名。與使用食材與製作方法無關，主要是氣氛。在Le Sucré -Coeur也可以感受到這種空氣流動的氛圍。舉例來說，盛裝三明治的仿舊白漆餐盤、古董銀製餐具的觸感等等都是。不管是麵包、料理、器皿或食材，岩永先生希望能為與自己有相同想法的人打造出這樣的氣氛。來到Le Sucré -Coeur的客人便能感受到這種「舒適溫馨」的「氣」。如果說不知道的事情看起來像是黑白的畫面，那麼岩永先生想做的事，就是把自己知道的事情告訴大家，為畫面添加色彩。「我想開一家比餐廳要來得氣氛輕鬆，能有許多客人前來的麵包店。」岩永先生這麼說。希望造訪Le Sucré -Coeur的客人，能擁有更愉快豐富而幸福的日常生活。這就是以麵包做為媒介的Le Sucré -Coeur每天傳達出的訊息。

4 每個月第二個星期六舉辦的綠色市場。滿滿都是產地直送的有機蔬菜。
5 仿舊材質的麵包展示架，現場直接販賣購買即可。

Data

Le Sucré -Coeur本店

地址：大阪府大阪市北區堂島濱1-2-1新DAIBIRU大樓1樓
電話：06-6147-7779
營業時間：11:00-21:00（最後點餐20:30）
公休：週日、週一

帶你認識Le Sucré –Coeur的麵包！

【硬麵包‧主食類Pain】

店裡的招牌麵包包括烤透的法式長棍麵包、長時間慢慢發酵的L' Ami Jean麵包、高保水度的巧巴達與白吐司，變化十分豐富。

切面

可愛的季節愛心

秋天的心型麵包

秋天會放入蘋果、檸檬、地瓜。冬天會放入柚子、白巧克力、杏仁。使用法式長棍麵團製作。

直徑15.5×高3公分／110克

切面

滿滿的古代小麥顆粒與芝麻

加入斯佩爾特發芽小麥顆粒、南瓜籽與芝麻的麵包

將大量的斯佩爾特小麥顆粒與芝麻均勻揉入L' Ami Jean的麵團中，是纖維質與礦物質豐富的麵包。

直徑26×高8公分／1126克

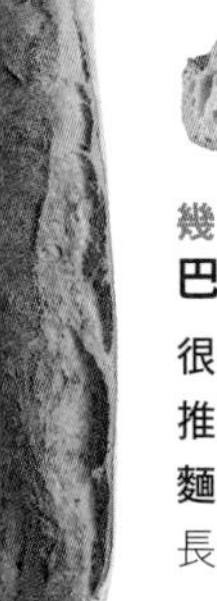

切面

幾乎是法式長棍的兩倍重量

巴塔麵包

很有嚼勁的巴塔麵包。推薦給喜歡吃脆皮甚於麵包內裡的人。

長42×寬10×高6.5公分／484克

切面

切面

蘭姆酒醃漬的白無花果風味

無花果麵包

L' Ami Jean的麵團加上蘭姆酒醃漬的白無花果乾，是最適合搭配紅酒的麵包。

直徑11.5×高8公分／210克

命名為「綠色的重音」

綠音麵包

白巧克力、橙皮、蜂蜜，加上綠橄欖。呈現紅豆泥與鹽昆布的魅惑風味。

直徑12×高6公分／219克

切面

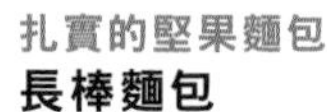

扎實的堅果麵包

長棒麵包

加入胡桃、榛果與開心果，充滿堅果香氣與口感，像樹枝一樣的細長棒狀麵包

長39×寬3×高2公分／94克

切面

漫長時間育成的麵包

L'Ami Jean麵包

好幾種麵粉混合的麵團，酵母使用斯佩爾特小麥麴。能夠喚起幸福記憶的天然鄉村麵包。

長33×寬21×高10公分／1020克

切面

培根包裹的麥穗

麥穗麵包

搭配紅酒或啤酒，撕成小塊容易入口的麥穗狀麵包，非常可愛迷人。

長23×寬6.5×高2.5公分／93克

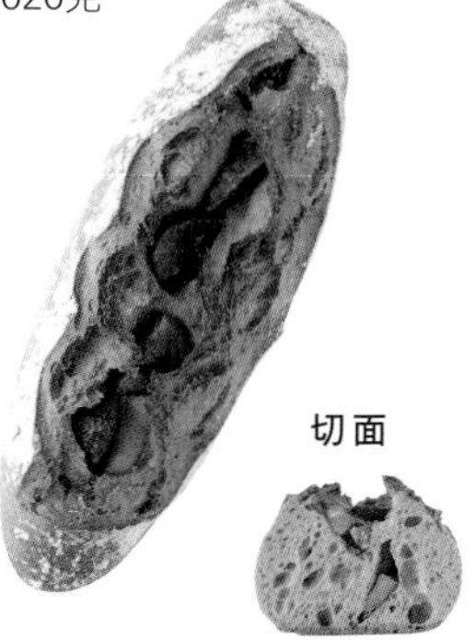

切面

糖煮栗子＋黑糖風味

栗子黑糖麵包

散發柴薪香氣的L'Ami Jean麵團，透出黑糖與糖煮栗子具有深度的甜味。

長21×寬8×高6.5公分／214克

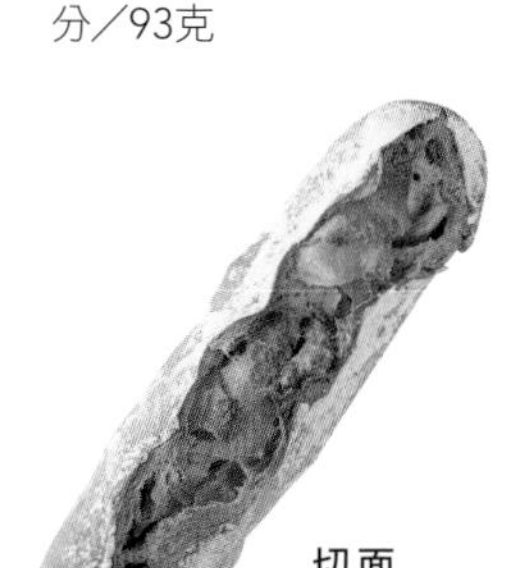

切面

呈現秋天乾爽的空氣

枯葉麵包

這款麵包名為「枯葉」。地瓜、蘋果、肉桂、薑、胡桃，揉合蘋果白蘭地的香氣。

長21.5×寬6×高5公分／208克

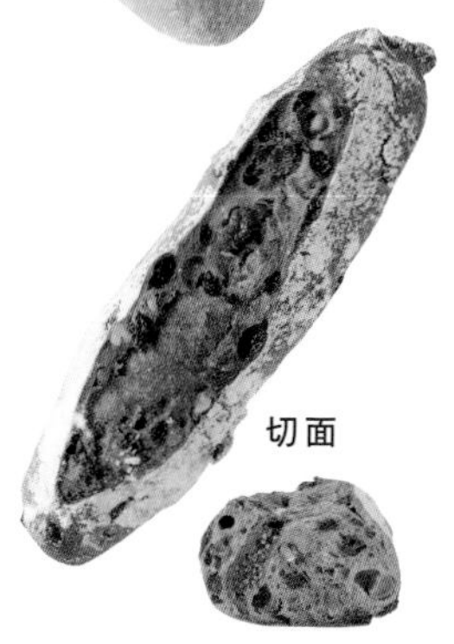

切面

融合五顆鑽石的美味

五鑽麵包

大量奢華地使用兩種葡萄乾、黑醋栗、無花果、柑橘，還有胡桃，充分均勻揉入麵團中。

長22×寬6×高4.5公分／220克

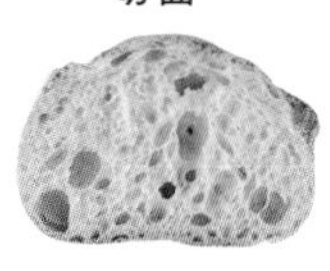

切面

最經典基本款

法式長棍麵包

麵粉、酵母、水與鹽，極為簡單的麵包，散發出驚人的香氣與美味。尖端部分的口感也別有一番樂趣。

長42×寬7.5×高6公分／234克

切面

散發出咖啡風味

咖啡巧克力麵包

將咖啡、白巧克力、長山核桃揉入L' Ami Jean的麵團中，具有淡淡的甜味，適合早餐食用。

直徑11.5×高8公分／223克

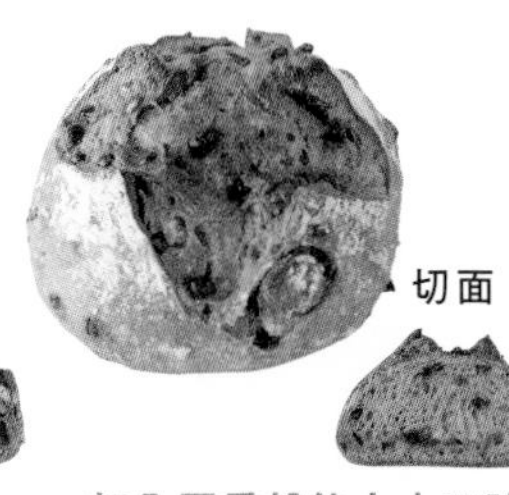

切面

加入五香粉的大人口味

五香麵包

將五香粉、栗子與柚子加入L' Ami Jean的麵團中，苦巧克力脆片整合了所有的風味。

直徑12×高7.5公分／220克

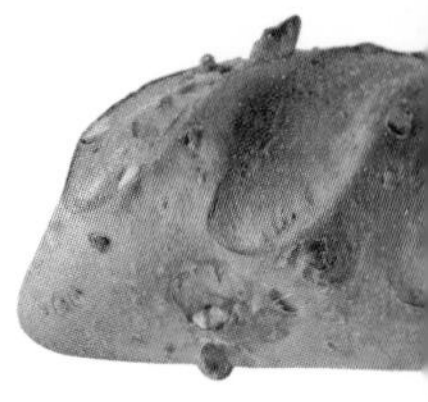

切面

加入橄欖的樸實風味

橄欖巧巴達

高水分的巧巴達麵團，揉入份量均等的黑橄欖與綠橄欖。

長14×寬8×高6公分／116克

切面

120%超高保水度的麵包

巧巴達

散發橄欖油香氣，充滿空氣感的麵包。高水分濕潤有嚼勁的口感，非常適合做三明治。

長8×寬9.5×高8公分／150克

切面

綿密奶香的胡桃麵包

番茄麵包

將酸酸甜甜的半乾番茄揉入濕潤有嚼勁的巧巴達麵團，呈現番茄色的麵包。

長14×寬8×高7.5公分／115克

切面

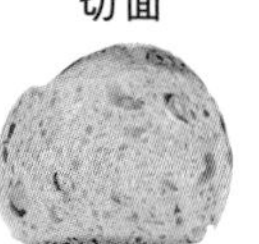

綿密奶香的胡桃麵包

胡桃麵包

將大量的胡桃揉入綿密的維也納甜麵團，味道濃郁，推薦給喜歡胡桃的人。

長13×寬7×高6.5公分／118克

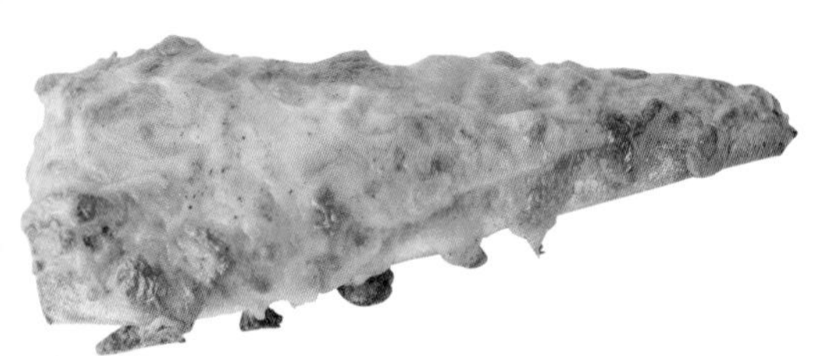

巴黎咖啡廳必備品項

法式火腿起司吐司

塗滿白醬的熱火腿起司三明治。可以用法棍、白吐司等製作。

長22×寬8×高5公分／205克

切面

切面

濃郁的火腿起司

火腿可頌

火腿與起司一起捲入可頌中，外面再多加一層起司去烤，香味四溢。

長13×寬11×高6.5公分／88克

切面

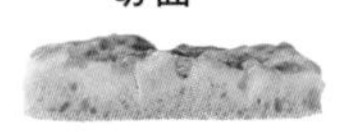

法式長棍麵團製作的披薩麵包

火焰薄餅

鋪上培根、起司、法式酸奶油，展現出披薩的風味與法式長棍的口感。

長18×寬9×高1.5公分／162克

使用法國生產的發酵奶油製作

可頌

外層酥脆，內裡多汁。充滿依思尼（Isigny）發酵奶油芳醇香氣的可頌。

長17×寬9×高8公分／45克

切面

清爽的都市風味

白吐司

不使用雞蛋與乳製品，純粹用日本國產小麥製作的麵包。清爽有嚼勁的口感，帶著淡淡的甜味。

長21×寬9.5×高14公分／531克

切面

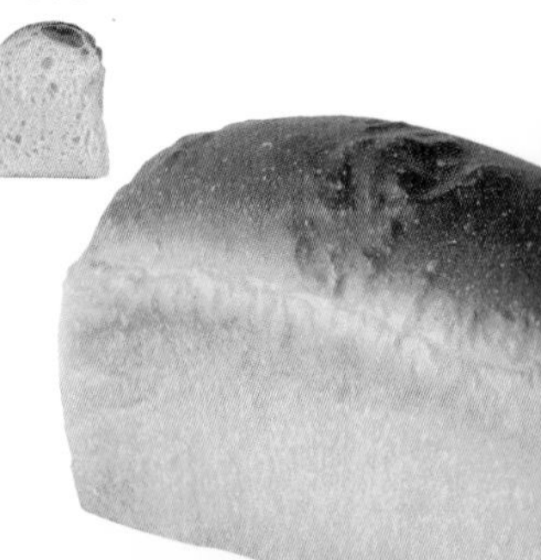

【三明治類Sandwich】

店中約有4～6種三明治，都是使用「Ogino」或「Metzgerei Kusuda」等高級加工肉品店的產品，以及有機農家當季時令蔬菜製作而成。

豪華的雞蛋沙拉

蛋沙拉三明治

運用橄欖油製作的清爽美乃滋，調製出美味的雞蛋沙拉，搭配胡蘿蔔絲與甘藍。
長10×寬10×高7公分／146克

煙燻雞肉潛艇堡

火腿奶油三明治

是由Metzgerei Kusuda的煙燻雞肉、胡蘿蔔絲、生菜葉片、帶有酸味的番茄蛋黃醬組合而成。
長14×寬9×高6公分／172克

法式餐館口味的熱三明治

豬血腸三明治

熱三明治。OGINO的法式豬血腸、蘋果醬、地瓜泥，是最佳搭檔。
長18×寬7×高6公分／385克

每天用不同食材製作的熱三明治

BLT三明治

Metzgerei Kusuda的高級培根、番茄、萵苣，豪爽地夾在L' Ami Jean麵包裡製作而成的熱三明治。
長17×寬7×高6公分／309克

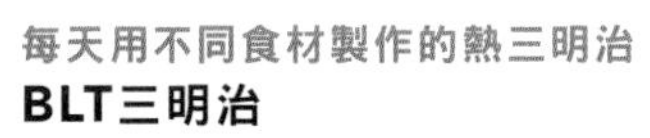

內餡滿滿的魚肉輕食

鮪魚三明治

巧巴達夾著鮪魚、胡蘿蔔絲、綠花椰與紅甘藍，屬於口味清爽的三明治。
長10×寬10×高7公分／149克

巧巴達的火腿三明治

白火腿三明治

巧巴達夾著Metzgerei Kusuda的火腿、胡蘿蔔絲、洋蔥。屬於日常輕食的三明治。
長10×寬10×高7公分／167克

【維也納甜麵包類Viennoiserie】

這類麵包像是有著鬆脆口感、芳醇香氣的可頌、綿密奶香的維也納麵包、濕潤的布里歐，都是充滿魅力多變的甜麵包。

Le Sucré-Coeur的紅豆麵包

胡桃紅豆餡麵包

揉入胡桃、增加口感的維也納麵包，中間夾上紅豆餡，外層撒上罌粟籽。

長18×寬6.5×高65公分／164克

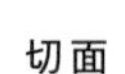

切面

香濃的抹茶內餡

維也納麵包（抹茶）

揉入抹茶的維也納麵包，中間夾上微苦的香濃抹茶醬。

長18×寬6×高5公分／119克

切面

經典的奶油內餡

維也納麵包（甜奶油）

使用法國甜點做法製作的香濃奶油醬，與維也納麵包十分搭配。

長18×寬6×高5公分／118克

切面

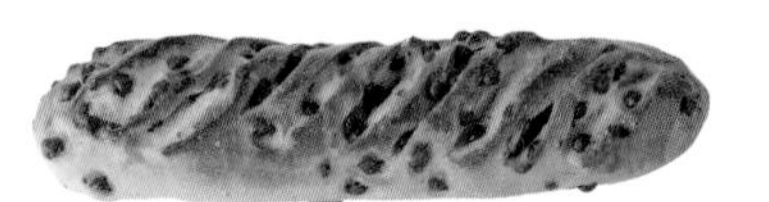

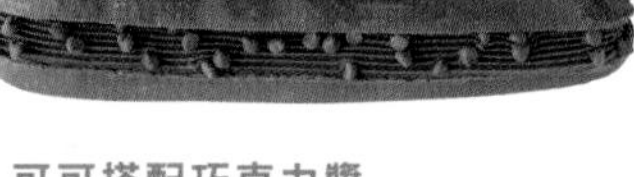

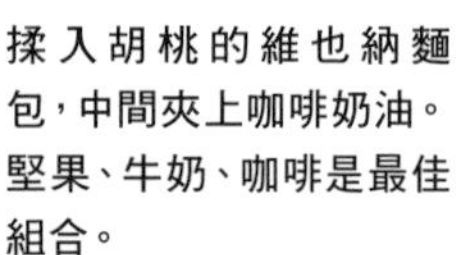

小朋友點心的巧克力麵包

巧克力維也納麵包

大小只有純正法式維也納麵包的1/3，但是口感扎實綿密，加入大量的巧克力碎片。

長18×寬5×高3.5公分／78克

切面

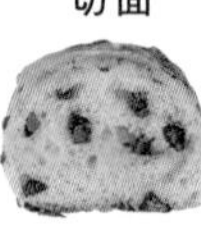

可可搭配巧克力醬

維也納麵包（甘納許）

可可口味的維也納麵包，中間夾上巧克力醬，並撒上巧克力碎片，是少見的魅力組合。

長19×寬5.5×高5公分／125克

切面

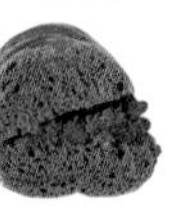

微苦的咖啡內餡

維也納麵包（咖啡）

揉入胡桃的維也納麵包，中間夾上咖啡奶油。堅果、牛奶、咖啡是最佳組合。

長18×寬5×高4.5公分／109克

切面

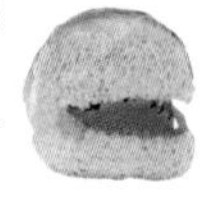

原產於南法的克林姆麵包

特羅佩麵包

稍微烤透的布里歐，中間夾上蛋糕奶油。品嘗後能帶給人們小小的幸福氣氛。

直徑12×高5公分／129克

切面

加入覆盆子提味

杏仁可頌

切面

浸泡過糖漿的可頌麵團，中間夾上覆盆子果醬和杏仁果醬，一同烤製而成。

長20×寬13×高3公分／263克

切面

法國人的點心

砂糖奶油布里歐

扁平的布里歐塗上鮮奶油、撒上細砂糖，製成Le Sucré-Coeur的克林姆麵包。

直徑15×高1.5公分／73克

切面

螺旋狀可頌

葡萄乾丹麥捲

克林姆拌入正統的蘭姆酒葡萄乾，烤成酥脆的可頌丹麥捲。

直徑14×高2公分／94克

切面

杏仁與抹茶

綠茶杏仁酥捲

揉入紅豆的可頌麵團，夾上加入抹茶的杏仁奶油，扭成酥捲烤製而成。

長24×寬5×高3.5公分／70克

切面

蘭姆酒的香氣

栗子丹麥捲

咖啡口味的克林姆搭配栗子與胡桃，並以橙皮做為點綴。

直徑14×高2公分／92克

切面

絕妙的巧克力比例

巧克力麵包

可頌麵團包入法芙娜（Valrhona）的加勒比鈕釦巧克力（Caraibe），散發高級的苦甜可可風味。

長11×寬11×高6.5公分／74克

切面

和蛋糕一樣綿密

咕咕洛夫

阿爾薩斯地方特有的形狀，加入葡萄乾與柳橙的布里歐。浸泡過糖漿的麵團，口感濕潤。

直徑10×高8公分／147克

切面

舊金山風味

肉桂捲

高雅香味的肉桂搭配甜菜砂糖，用可頌麵團製作的肉桂捲。

直徑7.5×高5.5公分／642克

切面

法國不敗經典款

法式蘋果派

散發粗獷法國發酵奶油香味的派皮麵團，搭配法國蘋果醬內餡。

長11×寬8×高6公分／90克

切面

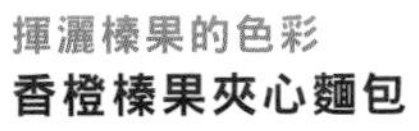

揮灑榛果的色彩

香橙榛果夾心麵包

克林姆的甜味，榛果夾心的香氣，橙皮的清爽感，是完美的組合。

長13×寬7×高3.5公分／77克

足以自傲的日式傳統麵包與懷舊麵包再出發！

Sanchino的懷舊與創新

剛開幕不久的「Sanchino」，是目前最熱門的麵包店。古早懷舊的各種麵包，用現代的製作方式帥氣升級，陳列在大家眼前！

文字：清水美穗子
攝影：山平敦史

店主杉窪章匡（左）與主廚丸山雄三（右）。懷舊麵包的革新一開始就有60種品項。

除了代代木八幡「15℃」烘焙的特製有機咖啡，另外也販售農場的鮮乳與果汁。包裝很可愛。

將懷舊麵包重新改造成現代風格

經營代代木八幡的人氣店家「365日」、「15℃」，年輕有為的食物職人杉窪章匡，今年12月在目黑區碑文谷的「Aeon Style」綜合百貨開設了麵包專賣店「Sanchino」。概念是溫故知新。Sanchino的日語發音，意思是「某某人家的」或「產地的」。所以麵包店的特色是運用本土的農產品製成，將昭和年代的懷舊麵包重新改造成現代風格。麵粉有九成使用北海道生產的小麥，一成使用九州生產的小麥。同時也保留日本從以前就採用的「湯種製法」等優秀手法。

為什麼要重新改造懷舊麵包呢？杉窪這麼說：「我覺得接下來會是美國南部傳統料理的天下。雖然日本人總覺得新潮帥氣的事物都是從國外來的，但帥氣的並不是只有法式長棍麵包而已。希望大家不要忘了，我們也能夠做出足以誇耀全球的產品。我想將日本人DNA中原有好的部分與價值傳達給所有人知道。」

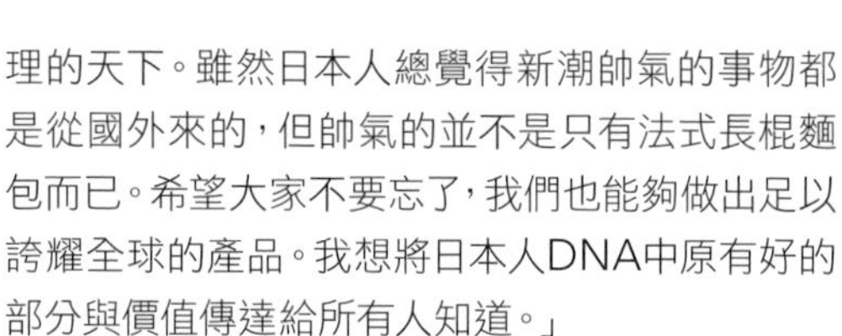

以井字號（#）註明是哪種麵包的改造與致敬

展示架上都是懷舊的麵包嗎？結果發現好像都是從沒看過、閃耀著光芒的新式麵包。標價牌上用井字號（#）註明是哪種麵包的改造與致敬。看著商品名稱，忍不住會心一笑，這個麵包「原來是那個麵包啊？」品嘗之後訝異於進化的美味。隨著年代不同，感受到的趣味點也各異。那麼，你對哪個部分感到興趣呢？

帶你認識Sanchino的麵包！

每個麵包都好吃！

#帽子麵包

Data
Sanchino
地址：東京都目黑區碑文谷4-1-1 AEON STYLE碑文谷1樓
電話：03-6303-4433
營業時間：08:00-20:00
公休：以AEON STYLE碑文谷營業時間為準

外層使用貓舌餅麵團（langue de chat）製作

切面

懷舊的帽子麵包
棒球帽

不是貴婦人的淑女帽，而是青少年的棒球帽。使用蓬鬆柔軟、具有空氣感的高級布里歐麵團，外層是加入開心果的酥脆貓舌餅。**#高知地方的麵包#致敬**

長11×寬8×高4.5公分／46克

店名是「Sanchino」，所以是「3」（日文3的羅馬拼音為san，和店名前面字母相同）。

切面

#法國生產的巧克力

Sanchino風格的銀巧克力麵包
棒形巧克力麵包

像脆皮美國熱狗那樣，用竹棒插入咖啡吐司麵團，高級的調溫巧克力中拌入烤杏仁碎片，奢華地淋在麵包上。**#咖啡麵團#手不會弄髒**

長7×寬5×高5公分（麵包部分）／43克

New Bird

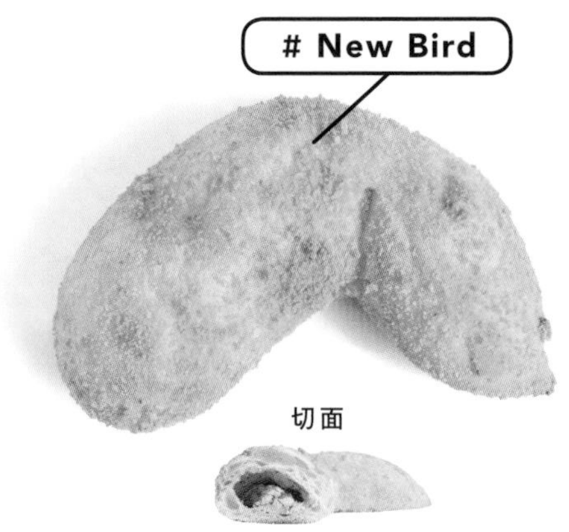

切面

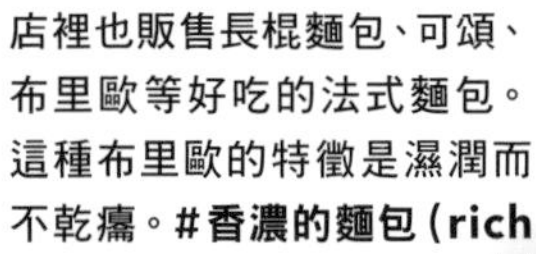

Sanchino風格的
京都傳統麵包三明治

新Bird麵包

傳統的New Bird是咖哩風味的火腿多拿滋。Sanchino使用咖哩粉和無添加番茄醬調味的雞肉，包成雞翅膀的形狀烤製而成。**#京都傳統麵包#致敬#雞肉咖哩**

長12×寬8×高4公分／50克

北海道傳統麵包

切面

無添加的竹輪小麵包

竹一輪麵包

中央填入無添加的竹輪和鮪魚。將濕潤有嚼勁的吐司麵團，混入具有海洋氣息的青海苔，做成形狀有趣的小麵包。**#竹輪和鮪魚#致敬#無添加**

直徑6×高3公分／25克

新感覺的布里歐

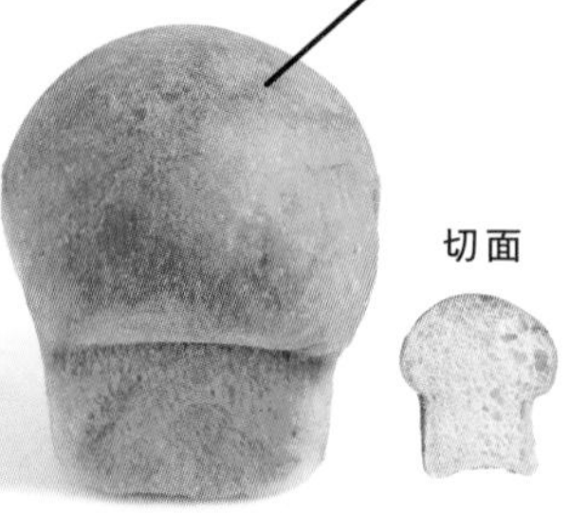

切面

濕潤的日式口味

Sanchino布里歐

店裡也販售長棍麵包、可頌、布里歐等好吃的法式麵包。這種布里歐的特徵是濕潤而不乾癟。**#香濃的麵包（rich pain）#可以當主食#也可以當點心**

長6×寬6×高6.5公分／33克

羊羹

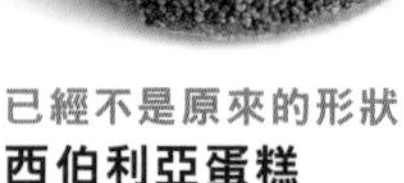

切面

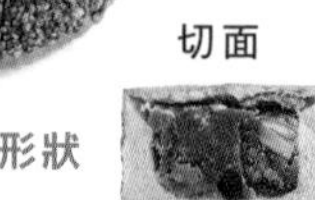

已經不是原來的形狀

西伯利亞蛋糕

不是用長崎蛋糕，而是使用甜麵團包住羊羹烤焙。羊羹裡加了滿滿的蔓越莓、伊予柑、柿子乾、開心果。**#懷舊麵包#致敬#水果乾#堅果**

直徑5×高3公分／42克

曼哈頓

進化的成人甜麵包

紐約客麵包

最初在九州是做成多拿滋，如今改成在可可麵團中加入大量的巧克力碎片，還有多汁的有機蔓越莓。吃起來很有巧克力的感覺。**#九州傳統麵包#致敬**

長10×寬8×高2.5公分／61克

切面

點心麵包

切面

香甜的點心麵包

蜂蜜杏仁麵包

在簡單風味的豆腐吐司上淋大量的蜂蜜奶油，烤至口感酥脆的焦糖表層，再於表面撒些杏仁片。**#蜂蜜奶油#杏仁奶油醬**

長11×寬4×高3.5公分／48克

切面

\# 香蕉

呈現絕妙平衡感的食材

咖啡香蕉麵包

咖啡麵團搭配日本製無添加巧克力與胡桃，還有新鮮香蕉的甜味和伊予柑的清爽口感。可以從食材運用感覺到麵包師傅功力的傑作。**#香蕉#巧克力#胡桃**

直徑7×高4公分／72克

切面

\# 咖啡麵團

咖啡糖霜與黑糖

胡桃咖啡捲

做為基底的咖啡麵團非常柔順，沒有強烈的香氣或味道。內餡包著杏仁奶油和黑糖胡桃，上層擠入咖啡糖霜。**#黑糖胡桃#咖啡糖霜**

直徑7×高5公分／52克

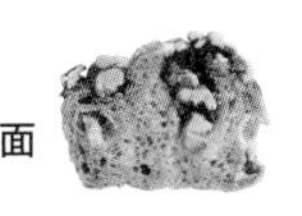

切面

\# 用麵包嘗試製作甜點

蓬鬆柔潤的感動

甜點麵包

濕潤柔順的布里歐，上層搭配貓舌餅與杏仁奶油，創造出蓬鬆輕柔的口感。以杯子蛋糕的形狀烤製而成。**#懷舊麵包#小朋友也愛吃**

直徑7×高6公分／46克

切面

\# 意想不到的濕潤葡萄乾

日本的鄉村麵包

太空鄉村麵包

使用北海道十勝生產的黑麥與春麥，經過48小時發酵，製作出濕潤有嚼勁且柔順的口感。配什麼都好吃，味道十分深奧。**#黑麥麵包#48小時發酵製作**

長19×寬11×高6公分／332克

\# 無限擴展的美味

平凡無奇的外觀

葡萄乾麵包

小山形狀般看起來不起眼的葡萄乾麵包，但一口咬下之後，麵團的香氣與使用無農藥、無添加日曬葡萄乾餡料的濕潤口感，令人太感動了。**#懷舊麵包#蘭姆葡萄乾**

長19×寬6×高6公分／78克

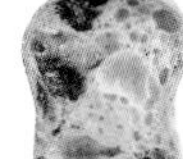

切面

可愛的麵包包著內餡

牛奶洞麵包

為了在出爐時呈現最完美的狀態，精心燉煮出美味的克林姆。**#懷舊麵包#致敬#麵包店的克林姆**

直徑6×高3公分／25克

切面

\# 巧克力螺旋麵包

居然只有那個部分！

黑洞麵包

命名雖然很超現實主義，中間包的其實是有機巧克力製成的巧克力醬。**#懷舊麵包#致敬#只留下巧克力螺旋麵包最好吃的地方**

直徑6×高3公分／29克

切面

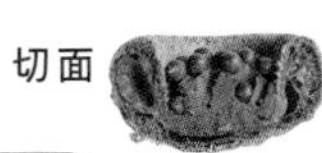

\# 克林姆麵包

揭開關西名店美味的祕密！

Painduce麵包徹底介紹

在大阪本町使用日本的小麥與有機蔬菜製作日本的麵包已經十幾年，Painduce店裡總是流動著讓人安心的溫暖氣氛。

文字：清水美穗子
攝影：Mariko Taya

產地直送的有機蔬菜，直接放在麵包上、包在麵包裡、揉進麵團中……搭配組合與造型都充滿魅力！站在展示架前，可以感受到未來日本麵包會呈現的樣貌。

Data
Painduce
地址：大阪府大阪市中央區淡路町4-3-1 FOBOS大樓1樓
電話：06-6205-7720
營業時間：8:00-19:00，週六與國定假日至18:00
公休：週日

歡迎來品嘗！

店主 米山雅彥

希望能發展出麵包新的可能性

法文的「麵包」（pain）和英文的「製作」（produce），合起來就變成「Painduce」。希望能發展出麵包新的可能性，店主米山雅彥懷著這樣的心情，取了這個店名。運用當季食材，製作成色彩豐富的開放式三明治「切片麵包」（tartine），各家麵包店的展示架上現在都會陳列販售。但位於大阪本町的店面，在2004年開幕當時，開放式三明治是從未見過的新奇麵包。而最近流行在麵包中只夾了一塊奶油的簡單三明治（本來是麵包師傅在廚房自己做來充飢的食物），米山在十多年前就悄悄地將之商品化。他是個腳踏實地但又勇於創新的人，總是能夠推出新奇有趣的產品。

這樣的米山當初思考的是：「法國生產小麥，所以有了法國麵包；德國生產黑麥，所以有了德國麵包；那麼，能不能用日本的小麥和農產品來製作日本的麵包呢？」鄉村麵包就是100%使用日本產的麵粉。姊妹店烘焙咖啡廳「add：Painduce」和車站商店街的「de tout Painduce」，也都全部使用日本國產小麥。本店的部分則更進一步，推出使用稀少的有機或生產者限定小麥的麵包。因為產量與品質無法固定，所以必須提升技術以符合需求，這就是看麵包師傅能力的時候了。米山在數年前認識了九州有機栽培農家東博己，愛上可以親自見到生產者的小農麵粉，所以後來每年都會出差到小麥主要產地的北海道拜訪。「親自面對面才能產生最佳的連結，生意就是靠這樣的連結得以順利進行。」米山這麼說。

以火鍋為概念製作白菜切片麵包

切片麵包使用的蔬菜是來自京都「窪田農園」、廣島「山本家族農園」、丹波「宮崎農場」，還有仲介有機蔬菜販售的神戶「葉菜屋」。活用食材、調味簡單的切片麵包，讓你擁有在家吃飯的感覺。造型跟組合如果只是鄉村麵包去變化也就罷了。但以火鍋為概念製作的白菜切片麵包，大概也只有米山可以想得出來吧！切片麵包的底層是用「春之戀」與「北穗波」麵粉烤製的法國短棍麵包。在麵包店內設置的咖啡座享用剛出爐的切片麵包，美味更上一層。

1 也販賣蘆屋「Uf-fu」的紅茶、維洛納生產有機栽培的特級冷壓初榨橄欖油、日本生產的蜂蜜和有機醬油、淡路島生產的五色浜（天然海鹽）等。 2 使用全穀粒麵粉製作的可頌。 3 法國長棍麵包也是使用春之戀與北穗波麵粉。 4&5 廚房共有7位師傅。

1

2

3

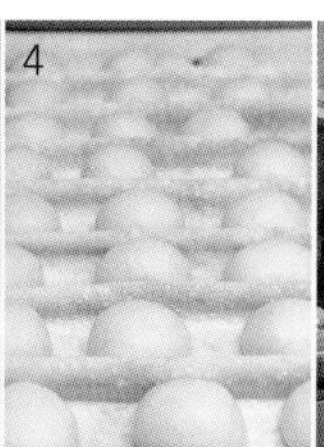
4

5

品嘗日本的美味，Painduce的麵包

產地直送的有機蔬菜、綠茶和五穀米等日本好物，透過麵包再次體認。

以火鍋為概念製作的冬季限定麵包

白菜與里肌火腿的切片麵包

入口即化柔軟甘美的層層白菜，薑粒則具有暖身的作用。白醬和起司融化的口感，很有焗烤的風味。底層是用日本生產的小麥，春之戀和北穗波製成的法式短棍麵包。

9公分

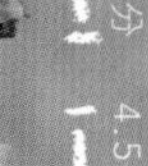

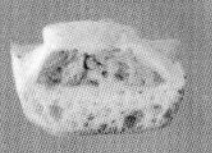

長9×寬8.5×高4.5公分／144克

Painduce的季節性食材日曆

春（3~5月）	夏（6~8月）	秋（9~11月）	冬（12~2月）
荷蘭豆	茄子	蓮藕	白菜
油菜	玉米	栗子	百合根
八朔橘	秋葵	雪化妝白南瓜	菊芋（洋薑）
青豆	櫛瓜	安納芋地瓜	牛蒡

樸素的和式穀物風味
五穀米菠蘿麵包

100%使用北海道生產、石臼磨製的全穀粒麵粉，製作出充滿穀物香氣與風味十足的麵團。入口即化的綿粒狀五穀，包括了大豆、大麥、芝麻、玄米、藜麥。隱含著和式風情的樸素滋味。

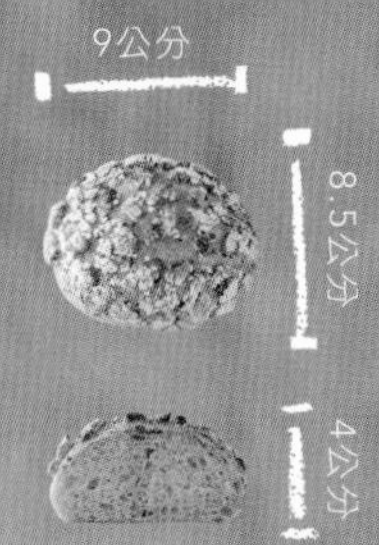

直徑8.5×高4公分／65克

誠實地運用日本生產的好物，讓大家了解日本獨特的麵包食文化。

店內展示架上滿滿都是用當季有機蔬菜製作的切片麵包和鹹可麗餅。冬天有小松菜、馬鈴薯、白菜、大頭菜、牛蒡、蓮藕、洋蔥、安納芋地瓜、香菇、南瓜、蔥、花椰菜等等，簡直就像是蔬菜攤嘛！米山會先檢視農家送來的季節蔬菜，然後每一種都和麵包配配看。一邊踱步一邊思考，沒有想通之前不會動手。「這個很甜喔！不過只有現在這個時節才會生產。」對蔬菜一一說明的同時，米山會露出開心的表情，看起來簡直就像是種出這些蔬菜的小農，又或是誠實的蔬菜攤老闆。

和蔬菜搭配的麵包，會從佛卡夏、雜糧麵包（全穀粒麵粉）、鄉村麵包、魯邦麵包、法國麵包，還有吐司這六種麵團中，分別依照食材的特質與味道，根據不同的調理法使用。甜麵包也積極地使用了五穀米、特別栽種的紅豆、丹波綠茶等和風食材。麵包的造型通常很樸素，沒有什麼華麗的裝飾，但口味卻是滿滿的安心與溫暖。誠實地運用日本生產的好物，Painduce從這裡出發，讓大家了解日本獨特的麵包食文化。

帶你認識Painduce的麵包！

【鹹麵包類Bread】

鋪滿產地直送當季有機蔬菜的切片麵包、配菜麵包和鹹可麗餅等，搭配有趣的造型，讓品嘗麵包更有趣。

切面

法國麵包搭配蔬菜成為一道料理

粗牛蒡與煙燻雞肉切片麵包

廣島山本家族農園的粗牛蒡（大浦牛蒡）是Painduce的長賣商品。 長15×寬6×高4公分／138克

切面

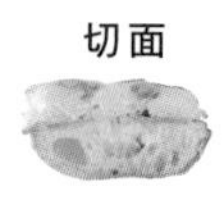

適合早餐食用

平地飼養的已受精雞蛋製成鬆軟的炒蛋，搭配季節蔬菜的切片麵包

島根的已受精雞蛋製成炒蛋，加上黑胡椒煙燻豬肉片，綴以季節蔬菜。 長9.5×寬8×高3.5公分／131克

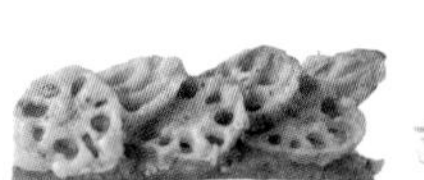

切面

Painduce的人氣商品

蓮藕與煙燻雞肉切片麵包

蓮藕上撒些切達起司，底下是白醬與煙燻雞肉。

長15×寬5.5×高4公分／144克

切面

滿滿青蔥是大人的味道

青蔥與藍紋起司切片麵包

乾鹽培根與藍紋起司、帕瑪森起司，呈現出義大利料理的前菜風味。

長14×寬6×高3.5公分／104克

切面

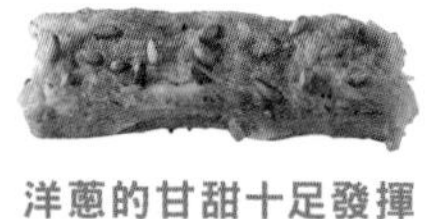

洋蔥的甘甜十足發揮

洋蔥與培根切片麵包

用義大利香醋慢慢炒軟的洋蔥，搭配鯷魚和培根來提味。

長14.5×寬6.5×高3公分／131克

切面

京都滻田農園的小松菜

綠色的庫克先生三明治

蔬菜根據季節使用麻薏或菠菜，搭配白醬、里肌火腿與起司。

長8.5×寬10×高2.5公分／87克

切面

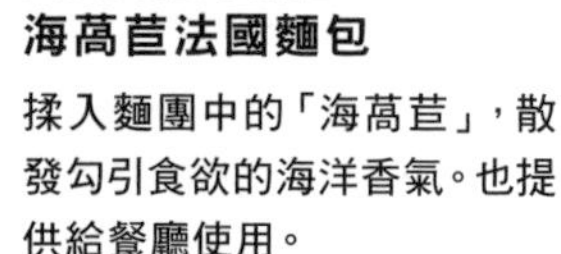

又香又脆的顆粒

海萵苣法國麵包

揉入麵團中的「海萵苣」，散發勾引食欲的海洋香氣。也提供給餐廳使用。

長10×寬7×高4.5公分／71克

切面

日本近海的油漬沙丁魚

油漬沙丁魚和馬鈴薯切片麵包

鬆軟的馬鈴薯泥、沙丁魚和煙燻起司，一起放在魯邦麵包上。

長10×寬10×高3.5公分／111克

切面

鮮美的培根

小松菜與酥脆的培根

鄉村麵包搭配瀝乾油脂的培根與小松菜，再加上白醬與起司。

直徑10×高3公分／94克

切面

熱呼呼又甘甜的百合根

十勝生產月光百合根鹹可麗餅

像栗子一樣甘美的百合根，光是搭配起司，甜味就更上一層。底層使用的是鄉村麵包配方的麵團。

直徑11×高4公分／109克

切面

有嚼勁的馬鈴薯麵包

馬鈴薯蓮藕

從神戶Comme Chinois學來的馬鈴薯麵包，裡面包著清脆的蓮藕和起司。

直徑8.5×高4公分／69克

切面

使用Nabin印度料理店的咖哩

洋蔥咖哩麵包

甜味十足的烤洋蔥混入以番茄為基底的咖哩，抹在鄉村麵包上，製作成披薩的造型。

長10×寬10×高4公分／68克

切面

使用自製番茄醬

辣醬熱狗麵包

吐司麵團搭配辣醬。這裡的辣醬是將鯷魚和酸豆加入番茄醬中調製而成。

長13×寬8×高4公分／96克

切面

蒸小芋頭鹹可麗餅

小芋頭培根鹹可麗餅

以義大利香醋提味的自製白醬，最後鋪上奶油。

直徑10.5×高3公分／105克

切面

100%全穀粒麵粉製作的雜糧麵包

香菇鹹可麗餅

大量的鴻喜菇和杏鮑菇清炒後置於雜糧麵包上，淋上紅蔥奶油醬汁以增加香氣。

直徑10×高3公分／76克

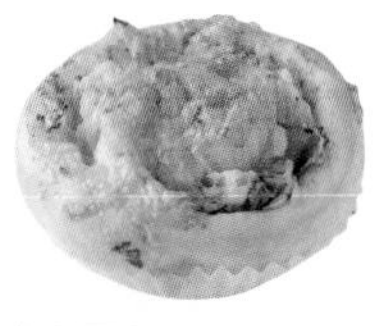

切面

佛卡夏捲

高麗菜絲與鯷魚捲心麵包

搓過鹽的高麗菜絲混入鯷魚醬中，再用麵包捲起。

直徑8×高4公分／75克

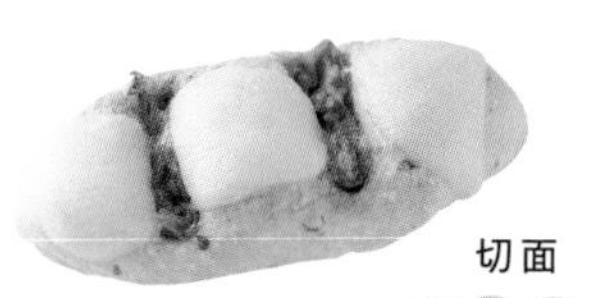

切面

自製羅勒醬

半乾番茄與莫札瑞拉起司搭配羅勒佛卡夏

以揉入新鮮羅勒、香氣四溢的麵團，搭配具有水果風味的半乾番茄。

長13×寬6×高3公分／62克

切面

適合冬天的白色鹹可麗餅

白花椰與鯷魚鹹可麗餅

加鹽水煮過的白花椰，白醬加入起司，再以少許鯷魚增加風味。

直徑10.5×高4公分／145克

切面

甜味十足的地瓜

種子島生產的安納芋地瓜鹹可麗餅

種子島特別栽培的安納芋地瓜，直接加鹽提味，再淋上融化的奶油簡單調理。

直徑10.5×高3公分／108克

切面

不限季節均享用的人氣鹹可麗餅

高麗菜、生火腿與埃文達起司鹹可麗餅

一整塊的高麗菜片、義大利生火腿，淋上融化的奶油與起司。

直徑10.5×高6公分／180克

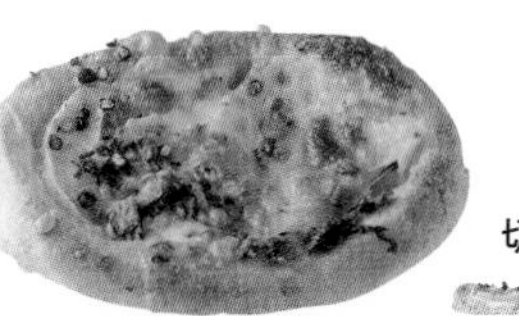

切面

麻辣的黑胡椒碎粒

大頭菜與黑胡椒碎粒

使用季節性的小顆大頭菜、紅大頭菜，連葉子一起水煮，整顆全部使用。底層是鄉村麵包麵團。

長13.5×寬9.5×高3公分／97克

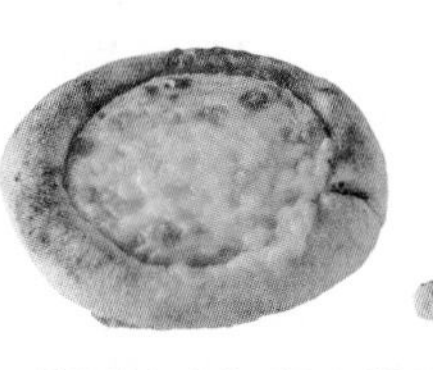

切面

使用Nabin印度料理店特製的辣味咖哩

加入辣椒醬的大人咖哩麵包

以番茄為基底的超辣咖哩，用佛卡夏麵團包成三角形，造型有趣。

直徑10.5×高2公分／126克

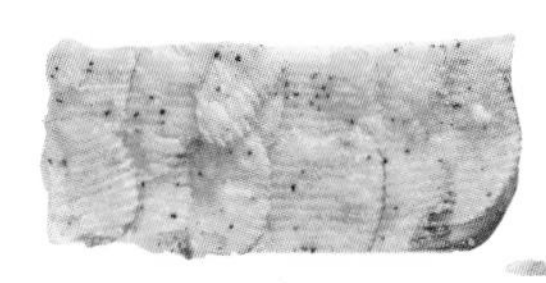

切面

採用「印加覺醒」馬鈴薯

馬鈴薯與迷迭香佛卡夏

揉入新鮮迷迭香的麵團搭配印加覺醒馬鈴薯，是無敵的必勝組合。

長18×寬8×高2公分／89克

【甜麵包類Bread】

芋頭、栗子、花生、紅豆餡、芝麻餡，配上熱焙茶，就是溫馨療癒的組合。

切面

忘記使用砂糖，從失敗中誕生的麵包

低糖紅豆麵包

加入牛奶的無糖牛奶麵包麵團，揉入大量的胡桃，再包住紅豆餡。

直徑8×高3公分／80克

切面

芝麻碎粒香氣四溢

100%全穀粒麵粉黑芝麻餡麵包

自製蒸煮成固態的黑芝麻醬，包在雜糧麵團中。

直徑8×高2.5公分／77克

切面

沒加砂糖的可可麵團

大人的巧克力克林姆麵包

不甜的可可佛卡夏麵團，搭配大量比利時苦巧克力醬。

長9×寬8×高4公分／66克

切面

使用香甜的南瓜麵團

南瓜克林姆麵包

將南瓜揉入佛卡夏麵團，搭配南瓜奶油餡。以少許橙酒提味。

直徑7.5×高4.5公分／56克

切面

麵團與克林姆都充滿奶香

克林姆麵包

使用100%牛奶製成的牛奶麵包麵團，內餡是較高比例鮮奶油的自製克林姆。

長10×寬8.5×高4公分／89克

切面

加入蘆屋「Uf-fu」特製紅茶

紅茶菠蘿麵包

牛奶麵包麵團加入伯爵茶粉與茶葉，此外，還散發微微天然佛手柑的自然香味。

直徑9×高4公分／58克

切面

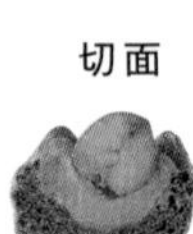

熊本縣生產的大顆栗子

擺上一整顆大栗子的咖啡風味巧克力克林姆麵包

適合「大人的巧克力克林姆麵包」的麵團，配上稍苦的咖啡風味克林姆。

直徑7.5×高5公分／83克

切面

使用三種巧克力

巧克力與巧克力克林姆麵包

使用100%牛奶製成，加入可可粉的牛奶麵包麵團，內餡是巧克力醬與調溫巧克力。

直徑8×高4公分／71克

切面

濃濃的橙香風味

橙香布里歐

使用春之戀麵粉製成的布里歐，搭配橙汁糖漿與Sabaton的橙皮。

長9×寬5×高4.5公分／59克

切面

兵庫縣生產減農藥富士蘋果

蘋果可頌塔

可頌鋪上杏仁奶油和新鮮富士蘋果烤焙而成。

長9×寬9×高2.5公分／71克

切面

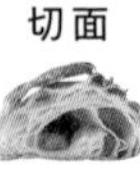

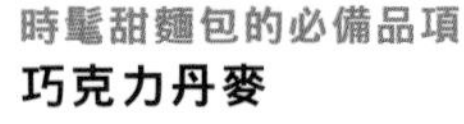

時髦甜麵包的必備品項

巧克力丹麥

酥脆的可頌包裹著法芙娜巧克力與榛果，真是絕妙的傑作。

長10×寬7×高4公分／43克

切面

可頌岩漿
杏仁岩漿麵包
杏仁奶油加上甜蘭姆酒製成的岩漿蛋糕，最後撒上杏仁碎片。
直徑7×高3公分／55克

切面

酸甜的覆盆子
花朵麵包
覆盆子與杏仁。杏仁奶油加入櫻桃白蘭地提味。
直徑7×高3公分／45克

切面

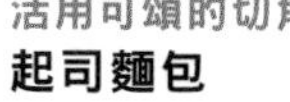

活用可頌的切角
起司麵包
運用可頌的切角搭配卡士達醬、奶油起司製作的可愛甜點。
直徑7.5×高3公分／54克

切面

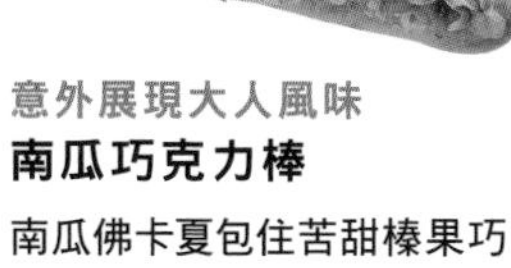

意外展現大人風味
南瓜巧克力棒
南瓜佛卡夏包住苦甜榛果巧克力棒。
長22×寬4×高2公分／56克

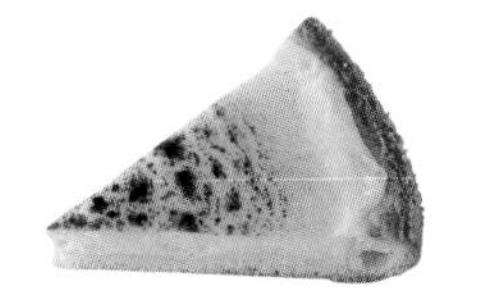

切面

布里歐甜點
可麗餅派
布里歐麵團加上酸奶油、卡士達醬烤焙的甜點。
長12×寬9×高2.5公分／64克

切面

濃郁的利口酒，散發堅果的香氣
齒輪麵包
可頌麵團搭配杏仁奶油與松子，再加入義大利濃郁的利口酒，風味十足。
直徑8×高3公分／52克

切面

甜點可頌
Painduce起司蛋糕
鄉村山羊農場的山羊白起司、奶油起司製成的小蛋糕。
直徑7.5×高3公分／75克

切面

種子島生產的安納芋地瓜
自製地瓜三明治
內餡使用鬆軟香甜的安納芋地瓜，加上奶油、鮮奶油與洗雙糖（黑糖去除糖蜜）蒸煮而成。
長10×寬8×高4.5公分／91克

切面

懷念的鄰居阿姨
紅豆奶油三明治
沒有特別整型的吐司麵團，夾上十勝生產特別栽種的小紅豆餡、含鹽奶油製成的三明治。
長11×寬8×高5公分／116克

切面

拿坡里千層酥風味
綠茶與白巧克力貝殼麵包
丹波生產的綠茶加入白巧克力醬，包在可頌中烤成酥派。
長11×寬8×高2公分／50克

切面

淡淡肉桂香
地瓜與杏仁奶油餡塔
種子島生產的安納芋地瓜，搭配杏仁奶油醬、克林姆製成的餡塔。
長9.5×寬7.5×高3公分／67克

切面

布里歐麵團製作的季節餡塔
秋天的栗子塔
布里歐搭配杏仁奶油醬與克林姆，加上栗子製成餡塔。
長9.5×寬7.5×高3公分／61克

根本就是料理規格！食材使用毫不手軟，就是人氣的祕密！

歡迎光臨Boulangerie Sudo（須藤麵包坊）

早上開門到過中午這段時間，是店裡最吸引人的時段。各式甜點和繽紛造型的維也納麵包，以及鋪滿季節食材、熱騰騰的麵包，一一出爐，刺激我們的食欲。

文字：清水美穗子
攝影：山平敦史

起司

「印加覺醒」馬鈴薯

白醬

鄉村麵包

Boulangerie Sudo

使用自製酵母的麵包搭配大量濃厚白醬。鋪滿像栗子一樣鬆軟甘甜的「印加覺醒」馬鈴薯（深黃色、肉質口感滑順），呈現焗烤馬鈴薯千層派的風味。最後撒上磨碎的黑胡椒。

1 在具有默契的呼吸之間，聯手完成麵包製作的須藤秀男與枝里子。2 高知縣生產的米茄子。蔬菜的使用量也不可小覷。3 麵包塗上醬料、放上食材，徹底撒上調味料，一個個仔細地完成。4 密技是最後使用噴槍炙燒，引出香味。5 各種季節蔬菜分別完成前置作業備用。

看到各式各樣從產地運來的當季食材，令人產生「其實這是餐廳廚房吧！」的錯覺。

Boulangerie Sudo的店面，早上九點開門的同時，就擠滿了來買麵包的客人。賣場進去寬廣的廚房，在開店時間前四個小時就已經充滿了活力。製作麵包的廚房通常都是呈現麵粉紛飛的狀態，但老闆兼主廚的須藤秀男，把這裡整理得像是製作甜點的廚房般乾淨得亮晶晶，麵團整型的檯面角落，擺放了各式各樣的油與調味料，還有炙燒食材表面的料理噴槍等工具。看到各式各樣從產地運來的當季食材，令人產生「其實這是餐廳廚房吧！」的錯覺。須藤不但是麵包師傅、甜點師傅，還曾經是在三星級餐廳負責製作麵包的人。和搭檔枝里子一起默契十足地分工進行精細的作業，將一個個麵包美美地製作完成，只有「厲害」兩個字可以形容。

人氣商品是運用大量季節蔬菜製作的鹹麵包。

不僅如此，完成的麵包就和甜點一樣繽紛夢幻、美麗動人。Boulangerie Sudo的甜麵包，和其他麵包店最大的不同，就是製作卡士達醬與巧克力醬的材料與技術，完全是甜點師傅的等級。剛出爐的麵包也像蛋糕般，一個一個完成最後的裝飾。有時候看起來像是高級的法式甜點一樣。

Boulangerie Sudo的人氣商品，是運用大量季節蔬菜製作的鹹麵包。鋪滿食材的底層麵包，尤其以佛卡夏麵團運用範圍特別廣，可以擀得很薄做成披薩，也可以塑造成各種形狀，發揮不同的美味，非常實用。也可以做成像枕頭那麼大一顆，烤好之後切片來賣，是散發微微橄欖香氣，濕潤與美味兼具的麵團。鋪滿各種食材的佛卡夏與切片麵包，就算擺在剛出爐的其他麵包旁邊，也都可以賣得很好。切片麵包或是蜂蜜吐司一類的商品，原本是須藤不希望浪費賣剩的麵包而想出來的辦法，現在因為賣得太好，反而需要特別烤製這些麵包。製作成蜂蜜吐司的吐司麵包，在一個月之前就預約滿滿。為了購買須藤製作的季節性鹹麵包或是豪華的甜麵包，今天一樣要去排隊。

Data

Boulangerie Sudo

地址：東京都世田谷區世田谷4-3-14
電話：03-5426-0175
營業時間：9:00-19:00
公休：週日、週一

歡迎光臨！

店主 須藤秀男、枝里子

具有季節感的

Boulangerie Sudo麵包

從廚房出爐上架，各式色彩鮮艷的麵包，讓人忍不住再多夾一個到托盤上。

豪華使用當季蔬菜
季節蔬菜佛卡夏

茄子、綠花椰、彩椒、南瓜、印加覺醒馬鈴薯、杏鮑菇。麵包上的蔬菜，奢侈到放不下為止。調味使用的是自製橄欖醬與帕瑪森起司，最後塗上香噴噴的醬油。

直徑11×高5公分／212克

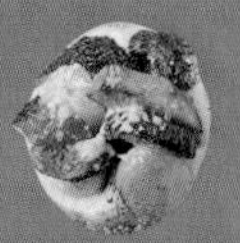

Boulangerie Sudo季節性食材日曆

春（3～5月）	夏（6～8月）	秋（9～11月）	冬（12～2月）
油菜	茄子	蓮藕	香菇
高麗菜芽	櫛瓜	馬鈴薯（印加覺醒）	韭蔥
蘆筍	桃子	李子	紅玉蘋果
草莓	美國櫻桃	洋梨（Le Lectier）	巧克力

活用翻轉蘋果派來製作
翻轉可頌

用可頌麵團製作的翻轉蘋果派。自製克林姆拌入大量慢燉煮軟的酸甜紅玉蘋果，最後蓋上的蘋果片，用噴槍燒融出外型，是甜點師傅才會的技巧。

直徑8.5×高6公分／179克

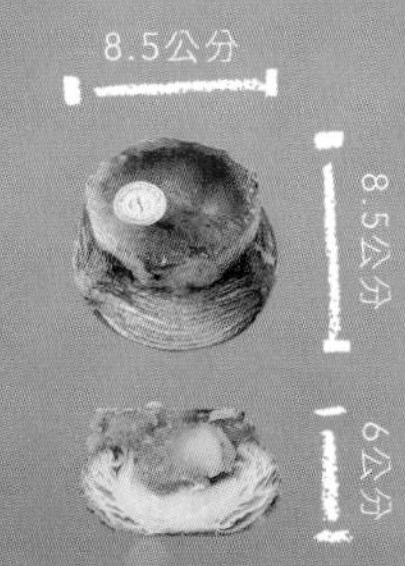

紅玉蘋果

馬鈴薯泥、白醬、橄欖醬和咖哩醬汁等等，都是這間廚房以繁複的手續製作出來。

用麵團當成容器，裝上滿滿一座小山那樣的食材，簡直成為一道小菜的切片麵包或是佛卡夏，在進爐烤焙之前就份量十足。整把的香菇也好，青翠的當季蔬菜也好，和麵包一起烤焙，體積濃縮了，而香氣和美味更與麵包融為一體。不管是蒸煮馬鈴薯、用烤雞滴出的肉汁調味的馬鈴薯泥、融合食材與麵包的濃厚白醬、使用黑橄欖製成的橄欖醬，還有咖哩醬汁等等，全部都是這間廚房以繁複的手續製作出來。

像裝飾蛋糕一樣，丹麥麵包花費好幾道精細的工夫製作而成。為了避免自製杏桃果醬變形，店家會蓋上小塊的墊紙；或是在丹麥麵包擠上克林姆醬，放上新鮮的季節水果固定，再撒上糖粉。還有用噴槍烤出薄脆的焦糖狀，岩漿蛋糕加入蘭姆酒提味等等，都是Boulangerie Sudo獨特的裝飾手法。每個麵包仔細地製作，完成多層口感交疊，質感華麗，如珠寶盒般閃耀的丹麥麵包。

帶你認識Boulangerie Sudo的麵包！

【鹹麵包類Bread】

從香菇到韭蔥，從馬鈴薯到蓮藕，從栗子到無花果，然後還有洋梨。秋冬的麵包就是這樣多采多姿。

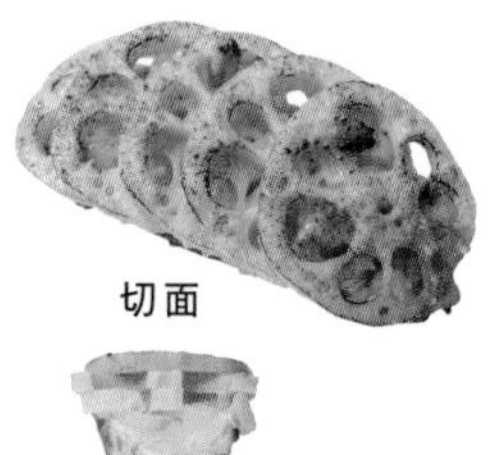

切面

五塊厚片蓮藕的魄力

蓮藕切片麵包

空氣感十足的法式長棍麵包搭配白醬與起司，再加上伊比利豬肉培根。

長16×寬8×高5公分／219克

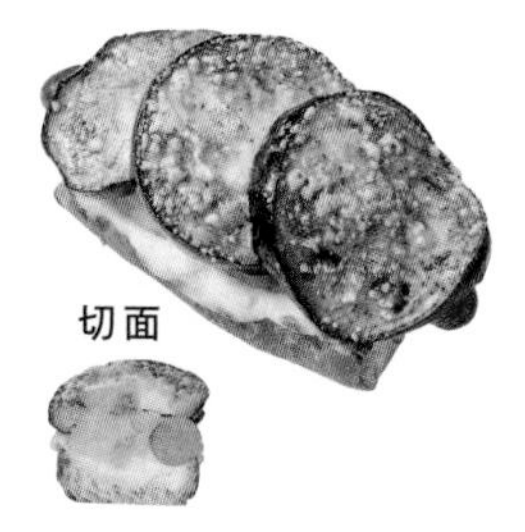

切面

那須香腸與茄子的組合

那須粗絞香腸豪爽切片麵包

高知縣生產的米茄子與那須粗絞香腸，搭配大量白醬與馬鈴薯泥。

長14×寬7×高6公分／192克

切面

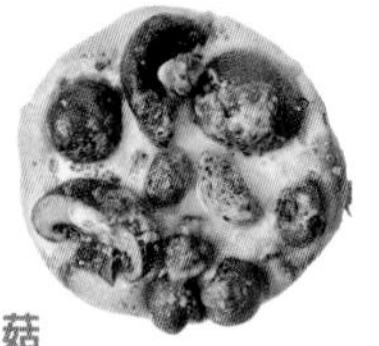

厚實的棕色蘑菇

蘑菇佛卡夏

大量的蘑菇搭配法式酸奶油，充滿綿密的奶香口感，並使用醬油提味。

直徑12×高5公分／157克

切面

推薦給馬鈴薯泥愛好者

馬鈴薯切片麵包

濃厚的白醬與拌入烤雞肉汁的馬鈴薯泥，製成鬆軟的切片麵包。

長15.5×寬5×高4公分／204克

切面

使用大山雞自製的烤雞肉

烤雞與北星馬鈴薯切片麵包

柔軟美味的雞肉搭配馬鈴薯，撒上迷迭香增加香氣，並使用柚子胡椒提味。

長12×寬8×高7公分／231克

切面

使用較不嗆鼻的韭蔥

北海道生產的韭蔥與橄欖佛卡夏

麵包上只放了韭蔥，與自製橄欖醬十分搭配。

直徑12×高3.5公分／171克

切面

起司與培根的簡單組合

蓮藕佛卡夏

葛瑞爾與帕瑪森起司的香味，突顯食材口感的美味麵包。

直徑13×高5公分／224克

切面

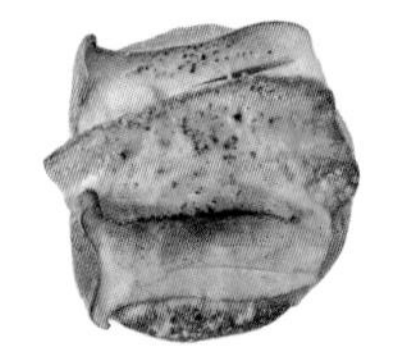

信州上田結實的杏鮑菇

杏鮑菇佛卡夏

一整顆杏鮑菇搭配乾鹽培根，加上兩種起司，最後抹上焦香醬油，香氣四溢。

直徑10×高5公分／166克

切面

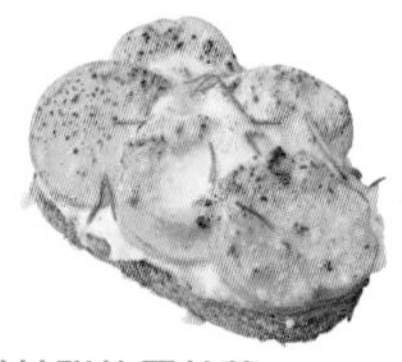

像栗子一樣甘甜的馬鈴薯

印加覺醒馬鈴薯麵包

魯邦麵包放上蒸煮得鬆軟的「印加覺醒」馬鈴薯，呈現出焗烤馬鈴薯千層派風味。

長12×寬8×高5公分／219克

切面

簡單又豪華的三明治

庫克先生三明治

無骨火腿搭配白醬與葛瑞爾起司，使用加入全麥麵粉的麵包製成三明治。

長14×寬9.5×高4公分／245克

切面

蔬菜滿滿的自製咖哩

本日咖哩披薩

聚集香腸、洋蔥、北星馬鈴薯、南瓜、杏鮑菇、菠菜等豪華食材。

長17×寬12.5×高3公分／184克

【甜麵包類Bread】

以獨特的食材加上細緻的裝飾手法，每一款麵包都兼具美觀與風味。

切面

豪邁地使用整顆熟透的無花果

無花果丹麥麵包

濃厚的克林姆與覆盆子果醬。從夏到秋、鮮美多汁的傑作。

長8.5×寬8.5×高7公分／153克

切面

甜甜鹹鹹的酥脆口感

焦糖奶油酥

可頌麵團包裹甜菜糖與給宏德海鹽調製的內餡，酥脆又多汁。

直徑9.5×高6.5公分／97克

切面

包入整顆涉皮煮栗子

熊本縣生產日本栗子丹麥麵包

日本栗子醬混合杏仁奶油醬與卡士達醬。用蘭姆酒的香氣提味，呈現岩漿蛋糕的風格。

直徑9×高5.5公分／123克

切面

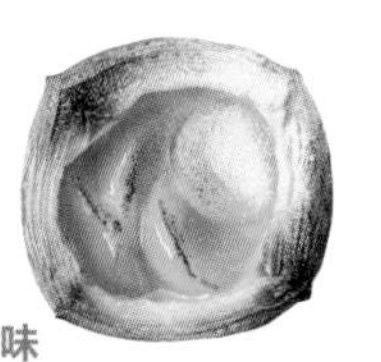

糖漬杏桃的滋味

杏桃麵包

以杏桃搭配加入杏仁甜酒的克林姆。

直徑9×高5公分／123克

切面

糖漬義大利洋梨

洋梨丹麥麵包

使用洋梨利口酒「Poire Williams」，以及帶著香草氣味的糖漬洋梨。

直徑9×高5公分／138克

切面

酒釀櫻桃風味

櫻桃色麵包

酥脆的可頌搭配用櫻桃白蘭地提味的糖漬櫻桃。

長12×寬9.5×高3.5公分／100克

切面

法式吐司風三明治

提拉米蘇麵包

使用北海道生產馬斯卡彭起司製作的豪華內餡，加上大量的義式濃縮咖啡與可可。

長11×寬9×高5公分／139克

切面

分兩道工續完成的傑作

巧克力覆盆子麵包

濃厚的克林姆與覆盆子，淋上覆盆子口味的巧克力醬。

直徑8.5×高5公分／113克

切面

略帶苦味的焦糖醬

焦糖香蕉巧克力麵包

使用比利時巧克力製作的克林姆，搭配新鮮香蕉組合成的甜點。

直徑9×高5公分／137克

切面

使用大量的杏仁片

杏仁可頌

滿滿的內餡是蘭姆酒提味的克林姆，另外還使用了特別訂購的新鮮杏仁粉。

長11×寬9×高7公分／167克

切面

使用大量自製的蜜糖奶油

厚片蜜糖鄉村麵包

加入日本生產米粉與自製葡萄酵母的鄉村麵包，升級製成簡單的蜜糖吐司。

長8×寬5×高5公分／60克

切面

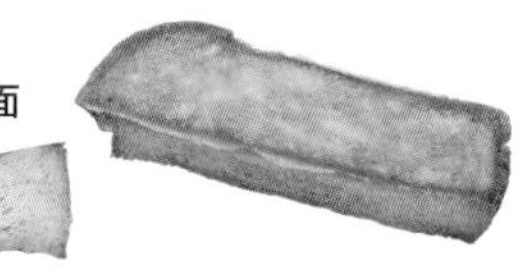

一個人最多買五個的限定商品

蜂蜜吐司

熱賣的世田谷吐司麵包，搭配金合歡蜂蜜與無鹽奶油、砂糖混合製成的焦糖。

長16×寬5.5×高3公分／96克

外觀美麗，吃起來也美味，值得一訪的三明治店！

銀座千疋屋水果三明治的祕密

銀座千疋屋是高級的水果店。豪華地使用各種水果，一瞬間所有人都被美味所擄獲，銀座千疋屋的水果三明治就是有這樣的魅力。

文字：Discover Japan 編輯部
攝影：原田教正

GINZA SEMBIKIYA

這是長久以來大家熱愛的水果三明治。美麗的橫切面，低甜度的鮮奶油，突顯水果本身的美味。

美味的祕訣就在水果與師傅的功力

草莓

採訪時使用的是茨城縣櫪乙女草莓。摘除蒂頭後縱切成兩半。島田主廚認為這是一款甜度與酸味非常均衡的草莓。

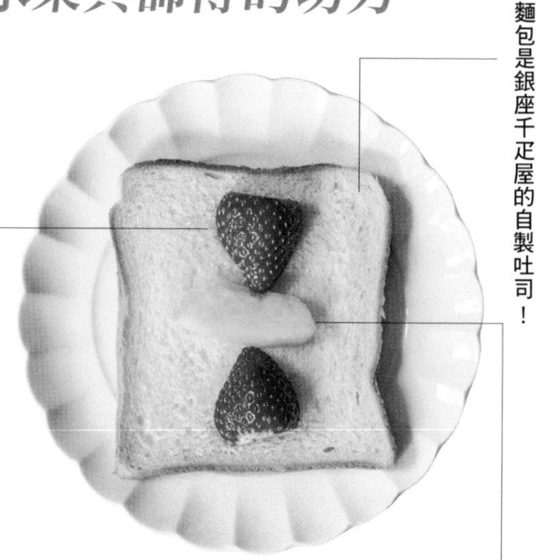

麵包是銀座千疋屋的自製吐司！

總共使用四種水果！

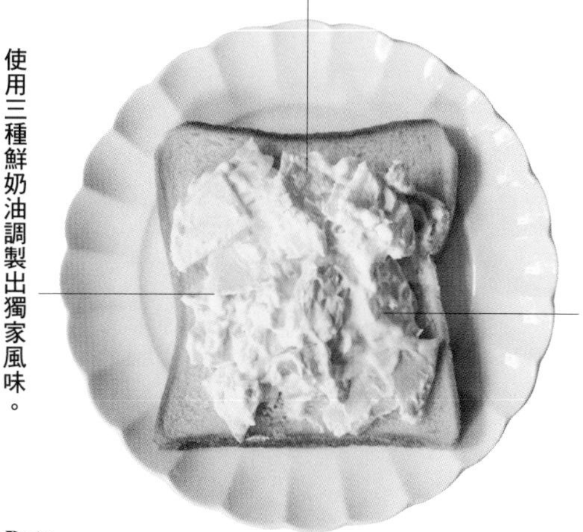

使用三種鮮奶油調製出獨家風味。

蘋果

蘋果上下兩端切除，由上而下用刀子削皮，然後切成0.2～0.3公分的蘋果片。以驚人的速度、俐落的刀法完成。

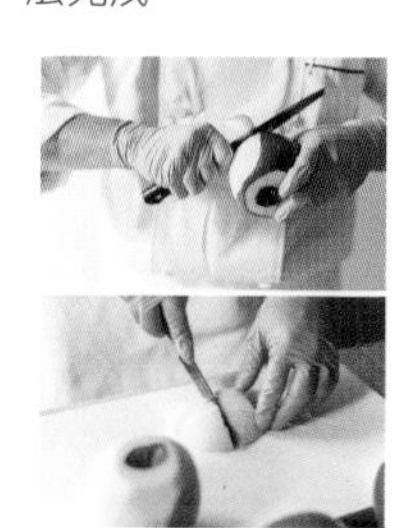

哈密瓜

靜岡縣生產的皇冠哈密瓜（musk melon）。切成四分之一後，用刀子削皮，然後再縱切成0.3～0.4公分的哈密瓜片。

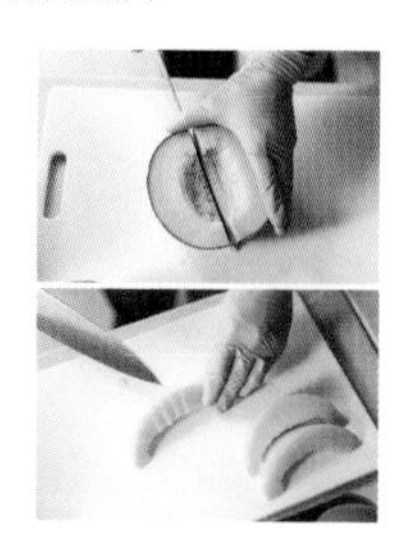

Data

銀座千疋屋Fruits Parlour

地址：東京都中央區銀座5-5-1 2F/B1F
電話：03-3572-0101
營業時間：
2F 11:00-20:00，週日、假日11:00-19:00；
B1F 11:00-17:30，週六、週日、假日11:00-18:00

看起來很簡單的水果三明治，事實上需要高度的知識與技能才能完成。

說到代表日本的水果三明治，銀座千疋屋（Ginza Sembikiya）一定榜上有名。水果三明治據說是在1940年左右出現在菜單上，現在成了熱門的伴手禮。

店面陳列的水果通常會有15～20種。通通都是由一位負責挑選水果的專業人員進貨管理，每天早上新鮮的水果會從市場送過來。水果三明治一年四季都會販賣，使用的食材包括草莓、皇冠哈密瓜、蘋果、黃桃、糖漬栗子等。鮮奶油的調製會降低甜度。蘋果因為搭配鮮奶油，也特別研究了能夠呈現清脆口感的厚度。水果的排列會計算橫切面的狀態以決定擺放位置。看起來很簡單的水果三明治，事實上需要高度的知識與技能才能完成。

店面除了全年都可能販賣的常銷商品之外，也有使用大量當季蔬菜製作的各種三明治。

口味豐富多變，不吃不可的三明治店！

魅力名店Cicouté Bakery

三明治可以說是全世界共通的輕食，在日本有著各式各樣的進化與發展。店主選用日本生產的小麥，再經過長時間發酵來製作麵包。咀嚼後釋放出的深層美味搭配各種當季食蔬，令人心滿意足。

文字：Discover Japan 編輯部
攝影：原田教正

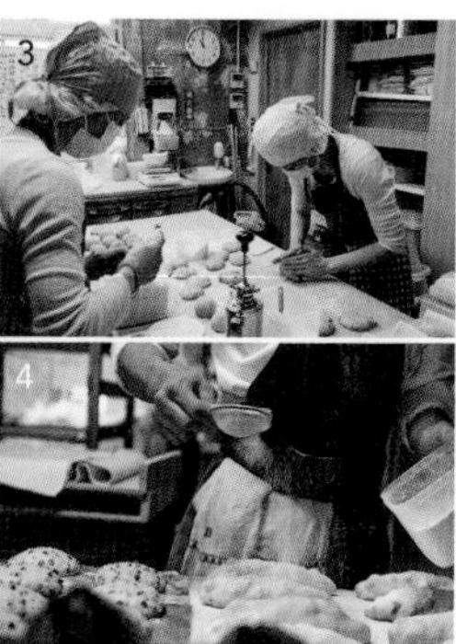

1 麵包剛出爐的時候。2 硬麵包都是較小的尺寸，以方便購買。3 & 4 一個個透過繁複工續製作的麵包。

直接烘烤，不做任何調整的麵包，充滿了魅力。

「Cicouté Bakery」的店主北村千里，原本是為了朋友的咖啡店與網購需求開始烤焙麵包。有了這樣的經驗，便在多摩境內工廠開了一家小店，2013年遷至現在的店址。位於南大澤社區中心，像是廣場一樣開放的場所，往來人士什麼階層都有，麵包產量比以前來得更大。店門口幾乎每天都大排長龍，左邊的門是入口，右邊的門是出口，但進了店的客人卻遲遲沒有出來。這就代表大家都到店裡找位子坐下來偷閒片刻，享受剛做好的三明治與咖啡吧。

這家店的日本生產小麥麵包，是用北村親手培育的自製酵母，經過長時間發酵烤焙而成。仔細咀嚼，能感受到深層的美味，與豆類或根莖類的蔬菜十分搭配。北村想要推廣麵包的各種食用方式，所以也舉辦了「Cicouté Bar」這樣的活動，提供許多能與紅酒搭配的簡易三明治。直接烘烤，不做任何調整的麵包，充滿了魅力。圓圓的形狀，看起來像是店名Cicouté 的「C」那樣，而且就算是硬麵包，也加入了起司、堅果、果乾等食材，變化十分豐富。麵團上用蔬菜拼貼出田園的意象，烤焙成美麗的火焰薄餅，或是切片的法式長棍麵包上，擺放了季節蔬菜水果的切片麵包，都是三明治競爭人氣的對象，白天充飢的主角。沒有太多裝飾，直接烤出樸素外表的麵包，可以感受到師傅細緻的手法。

帶你認識Cicouté Bakery的麵包！

【常態三明治類Sandwich】

這裡的麵包商品約可分成常態三明治，
與使用當季食材製作的季節三明治季節兩大類。

切面

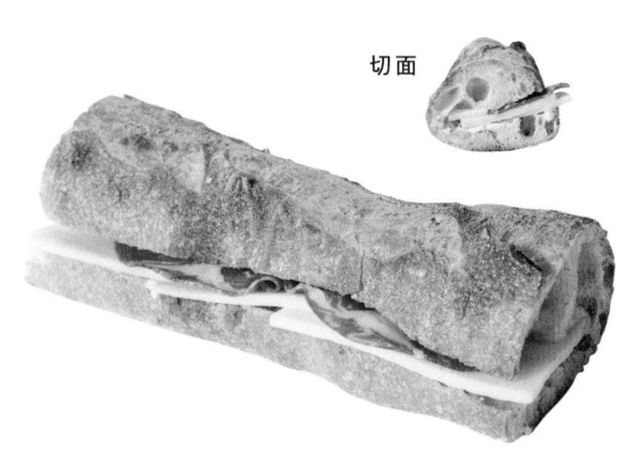

可以仔細品味麵包的簡單三明治

義大利帕爾瑪火腿與康堤起司的法式長棍三明治

具有獨特甜味與嚼勁口感的北香麵粉製法式長棍麵包，搭配風味十足的康堤起司與生火腿，享受單純的美味。做法：以法式長棍麵包＋可爾必思無鹽發酵奶油（抹醬）＋義大利帕爾瑪火腿、法國康堤起司（夾入食材）搭配完成。

長13×寬5×高4公分

切面

能夠搭配紅酒的傑作

自製肝醬與芝麻葉的胡桃麵包三明治

濃厚的胡桃鄉村麵包與肝醬的組合。學徒時期師父獨門傳授的肝醬，自行變化後持續製作了將近二十年。Cicouté的麵包總是會搭配這款「麵包之友」。做法：以胡桃鄉村麵包＋可爾必思無鹽發酵奶油（抹醬）＋自製肝醬、芝麻葉（夾入食材）搭配完成。

長14×寬8×高4公分

切面

寒冷季節最受歡迎的麵包

庫克先生三明治

使用30%全穀粒麵粉製成的鄉村麵包，中間夾上火腿與康堤起司，外層則是使用葛瑞爾起司與白醬烤製而成的熱三明治。做法：以鄉村麵包＋白醬、可爾必思無鹽發酵奶油（抹醬）＋豬肉火腿、康堤起司、葛瑞爾起司（夾入食材）搭配完成。

長20×寬7×高3公分

切面

具有南法香氣的三明治

自製番茄乾與奶油起司的橄欖法式長棍三明治

厚實果肉的番茄以半乾手法烤過再特別醃漬，然後用散發橄欖油香氣的中硬度口感麵包製成三明治。做法：以橄欖法式長棍麵包＋烤番茄、生菜芯、Kiri奶油起司、普羅旺斯香料（夾入食材）搭配完成。

長12×寬6×高4.5公分

【季節三明治類Sandwich】

搭配了每一季生產的蔬果製作的三明治，少了多餘的裝飾，更能品嘗到食材的本身風味。

切面

無農藥農園的甜胡蘿蔔

Kenohi的烤胡蘿蔔、義大利帕爾瑪火腿與芝麻葉的三明治

Kenohi農園無農藥栽培的甜胡蘿蔔，以孜然、辣椒粉調味後烤製，搭配芝麻葉與生火腿組合成健康的三明治。做法：以法式鄉村麵包＋Bertolli特級冷壓初榨橄欖油（抹醬）＋烤胡蘿蔔、帕爾瑪火腿、芝麻葉（夾入食材）搭配完成。

長13×寬10×高7.5公分

切面

季節的人氣素食三明治

烤蓮藕、鷹嘴豆泥與芝麻葉三明治

北海道生產小麥、自製魯邦液種與葡萄乾酵母製成的法國鄉村麵包，成分簡單但味道層次豐富。搭配鷹嘴豆泥，雖然都是蔬菜，卻有意想不到的飽足感。做法：以法式鄉村麵包＋鷹嘴豆泥（抹醬）＋橄欖油烤製的蓮藕、自製鷹嘴豆泥、芝麻葉（夾入食材）搭配完成。

長13×寬8×高4公分

切面

花生風味三明治

花生醬、烤長芋、烤蘑菇、羽衣紅芥菜三明治

富含維生素、礦物質，香氣十足的古代小麥麵包，塗上以醬油提味的花生醬。羽衣紅芥菜有時會改成芝麻葉或水菜。做法：以斯佩爾特小麥（古代小麥）麵包＋可爾必思無鹽發酵奶油、千葉生產bocchi花生醬（抹醬）＋油烤蘑菇、羽衣紅芥菜、長芋（夾入食材）搭配完成。

長16×寬8×高4.5公分

切面

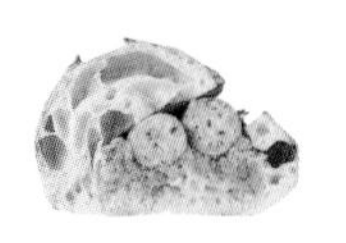

份量十足的冬季三明治

綠花椰、炸鯷魚與香腸三明治

用油蒸到熟透，以鹽、胡椒、大蒜、鯷魚調味的綠花椰泥，搭配含有大量洋香菜的「neu frank那須」香腸。做法：以法式鄉村麵包＋綠花椰與鯷魚（抹醬）＋香腸（夾入食材）搭配完成。

長12×寬10×高8公分

切面

魔法的調味料，埃及鹽

新鮮番茄、康堤起司與埃及鹽的三明治

半顆新鮮番茄。埃及鹽是料理家高橋佳子以堅果、芝麻與香料調配的調味料，可以增添蔬菜的美味。做法：以法式鄉村麵包＋Bertolli特級冷壓初榨橄欖油（抹醬）＋番茄、康堤起司、埃及鹽（夾入食材）搭配完成。

長12×寬10×高7.5公分

Data

Cicouté Bakery

地址：東京都八王子市南大澤3-9-5-101
電話：042-675-3585
營業時間：11:30-18:30
公休：週一、周二
網站：cicoute-bakery.com

店主 北村千里

豐富肉類的豪華三明治！

不同風貌的3 & 1 Sandwich

本身是肉類料理專賣店，白天搖身一變成三明治專門店。以大份量的肉類、食蔬搭配自製的麵包，更能品嘗到店家的心意。

文字：Discover Japan 編輯部
攝影：原田教正

人氣第一三明治
安格斯牛排三明治

相當熟成的牛肉，經過三十六個月熟成、彷彿是美味結晶的帕瑪森起司、煮沸後釀製的義大利香醋。使用了三種豪華食材，加上薩丁尼亞島辛辣的橄欖油「San Giuliano」調味，是簡單又豪放的三明治。做法：以托斯卡尼傳統麵包變化而來的自製麵包，於第二次烘烤時會噴上橄欖油＋澳洲生產的安格斯牛肉、芝麻葉、帕瑪森起司、義大利香醋（夾入食材）搭配完成。
長14×寬14×高7公分

切面

因為是肉類專門店，當然肉類三明治最值得推薦。

西荻窪的肉類料理專門店「trattoria 29」，在白天的時候是三明治店「3 & 1 Sandwich」。店名是義大利文可能很難記，但用眼睛和嘴巴就可以馬上記起來了。因為是肉類專門店，當然肉類三明治最值得推薦。三明治使用的麵包，是每天烤好、佔滿整個烤箱空間的大麵包，然後切片，第二次烘烤時噴上橄欖油增添香氣，正是三明治專屬的麵包。使用

帶你認識3 & 1 Sandwich的麵包！

【三明治類Sandwich】看看肉類料理專門店推出哪些美味至極的豪邁三明治！

切面

翡冷翠回憶的味道

義大利內臟三明治

用蔬菜高湯燉煮的豬頰、豬舌、豬心，搭配洋香菜醬汁，這是從翡冷翠傳統料理變化而來的豬內臟三明治。可以另外加上辛辣的生辣椒油食用。做法：以托斯卡尼傳統麵包變化而來的自製麵包，於第二次烘烤時會噴上橄欖油＋豬頰、豬舌、豬心（夾入食材）搭配完成。

長14×寬14×高6.5公分

切面

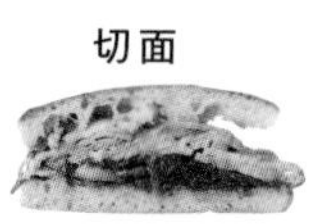

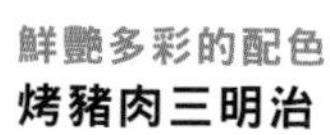

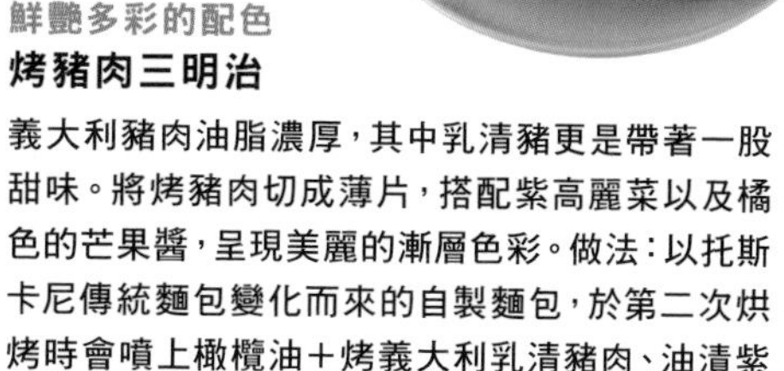

鮮艷多彩的配色

烤豬肉三明治

義大利豬肉油脂濃厚，其中乳清豬更是帶著一股甜味。將烤豬肉切成薄片，搭配紫高麗菜以及橘色的芒果醬，呈現美麗的漸層色彩。做法：以托斯卡尼傳統麵包變化而來的自製麵包，於第二次烘烤時會噴上橄欖油＋烤義大利乳清豬肉、油漬紫高麗菜（夾入食材）搭配完成。

長14×寬14×高7公分

切面

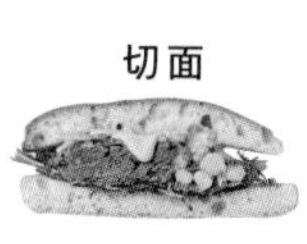

主廚創意三明治

水煮鹿肉絲與鷹嘴豆三明治

義大利有些買不到鮪魚的地方，會用豬肉代替鮪魚做菜。粉白的豬肉看起來真的很像鮪魚，不過這次的限定三明治使用的是鹿肉。不管是哪種肉，做起來都很像粗鹽醃牛肉。搭配彩椒醬食用。做法：以托斯卡尼傳統麵包變化而來的自製麵包，於第二次烘烤時會噴上橄欖油＋水煮鹿肉絲、帕馬森起司、洋蔥、鷹嘴豆（夾入食材）搭配完成。

長14×寬10.5×高6公分

切面

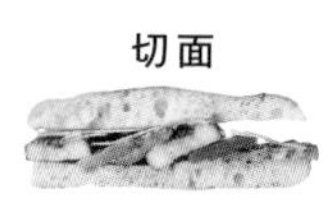

不加肉的三明治

油漬碳烤蔬菜與起司三明治

使用蘿勒與松子的醬汁醃漬，經過碳烤封住蔬菜的美味。蔬菜也可以和肉類料理一樣，品嘗食材本身的味道就能獲得簡單的滿足。是讓人精力充沛的豪邁三明治。做法：以托斯卡尼傳統麵包變化而來的自製麵包，於第二次烘烤時會噴上橄欖油＋茄子、櫛瓜、彩椒、義大利綿羊起司、蘿蔓生菜（夾入食材）搭配完成。

長16×寬14×高6公分

製作拿坡里披薩的麵粉，能夠完全吸收肉類料理的肉汁與醬料，使麵包口感清爽。負責料理的橫內美惠，將學徒時期在義大利吃過的料理，以內臟三明治或水煮肉絲三明治的方式再度呈現時，也非常高明地製作出與印象中相似的麵包。因為橫內也在麵包廚房中工作過，所以才做得到吧！

常態三明治全部有四種，若能取得牛肝菌或鹿肉等季節特別食材，菜單背面就會出現第五種三明治，顧客們需自行留意。三明治會搭配煮豆子等配菜還有沙拉，非常超值。

Data

3 & 1 Sandwich

地址：東京都杉並區西荻北2-2-17
電話：03-3301-4277
營業時間：11:30-14:00
（最後點餐13:30）
公休：週一（每月另有兩次不定期週二公休）

將美味的料理做成三明治

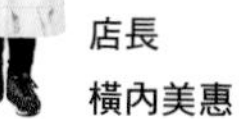

店長
橫內美惠

美術館或圖書館一樣的靜謐氣氛！

品嘗職人的堅持Sens et Sens

從注重店內的裝潢、擺設，到專心地對待所有食材與盤中食物，製作出美味麵包。營造舒適的環境與各式三明治，讓顧客擁有最佳的用餐氛圍。

文字：Discover Japan 編輯部
攝影：原田教正

帕爾瑪生火腿與葛瑞爾起司的鄉村三明治

並不是普通的火腿起司三明治，中間夾的是奶油。從上到下的順序是麵包、起司、奶油、火腿、麵包。

1 正切開鄉村麵包三明治。
2 從冷藏庫拿出法式鄉村三明治用的奶油，以冰鎮過的切刀切開。

製作時，如果不跟食材對話，做出精微的調整，那就無法呈現出自己想要的味道。

Sens et Sens的店主菅井悟郎，不管是在廚房切麵包、製作三明治，還是沖咖啡，毫無多餘的動作，沉靜而專注於自己手上的作業。原因在於他正和眼前的食材對話。菅井在產生「想做出這樣的三明治」的念頭時，卻又不自覺地感到若一直使用同樣的做法似乎不太對。每天的氣候與食材都有些微不同，讓吃起來的口感多少也有差異，所以製作時，如果不跟食材對話，做出精微的調整，那就無法呈現出自己想要的味道。這就是菅井的理論。舉例來說，奶油的厚度。人體在冬天會自然地渴求脂肪，所以要比夏天時使用更厚的奶油片，才能呈現出夏天進食時感受到的相同美味。話雖如此，這事實上是以毫米為單位的感覺世界。奶油在欲使用時才從冷藏庫取出。最初的第一口，舌尖先感受到麵包與冰涼的奶油，然後是各種的食材，而在進食當中，奶油慢慢融化，這個過程彷彿就是三明治創造出的一個增添風味的故事。如果能像菅井一樣專心地對待盤中食物，就能迎來故事感動的結局。這家咖啡店，流動著像美術館或圖書館一樣的靜謐氣氛，大概就是這個緣故吧！

3 菅井說：「為了營造讓客人想下次再來的空間，所以內部裝潢每一樣都仔細地思考過。 4 販賣陶藝家或木工職人製作的餐具。

切成薄片的胡蘿蔔以無水的方式調理。每一道製作工續都具有重要意義。

帶你認識Sens et Sens的麵包！

【三明治類Sandwich】

店家選擇口感扎實的鄉村麵包為底，佐以各式食蔬與高品質油脂，完成最佳風味的三明治。

切面

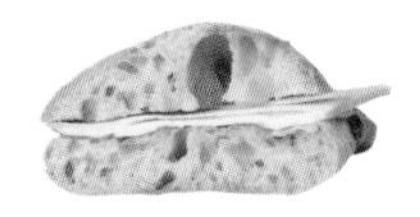

簡單卻高雅的味覺體驗

帕爾瑪生火腿與葛瑞爾起司的法式鄉村三明治

在經過十八個月以上熟成，風味濃厚的帕爾瑪生火腿中，尋找味道較為清淡的來使用。奶油切成0.2公分以下，起司切成0.1公分以下的薄片。經過發酵與烘焙的小麥（麵包）的甘美、火腿的鹹味、奶油的香甜、起司的鹹味，然後再與麵包的甘美交互作用，是無上幸福的味覺體驗。做法：以法式鄉村麵包＋帕爾瑪生火腿、可爾必思低水分無鹽奶油、葛瑞爾起司（夾入食材）搭配完成。

長19×寬10.5×高5.5公分

素食三明治

鹿尾菜、蒸蔬菜（胡蘿蔔、高麗菜）、乾番茄、芝麻味噌醬三明治

胡蘿蔔切成薄片，撒上鹽出水後蒸煮，引出甜味。番茄與胡蘿蔔的紅、涼拌捲心菜的綠、鹿尾菜用醬油燉煮的黑，配色非常美麗。雖然都是植物性的食材，但飽足感異常豐沛。芝麻味噌與麵包也呈現了具有層次的深度風味。做法：以鄉村麵包＋芝麻味噌醬（抹醬）＋鹿尾菜、乾番茄、高麗菜、胡蘿蔔（夾入食材）搭配完成。

長19×寬8.5×高4公分

切面

切面

與貝果十分搭配的組合

煙燻鮭魚與奶油起司的鄉村麵包三明治

奶油起司與酸奶油混在一起，呈現清爽的味道，與智利煙燻鮭魚油脂更加融合。乳製品與魚肉的油脂，搭配油漬的洋蔥、蒔蘿、酸豆，取得爽口而絕妙的平衡。做法：以鄉村麵包＋奶油起司（抹醬）＋智利煙燻鮭魚、洋蔥和奶油起司（夾入食材）搭配完成。

長19×寬8.5×高4公分

壓烤三明治獨特的口感

鮪魚、橄欖、洋蔥、番茄乾、高達起司的熱鄉村麵包三明治

經過壓烤，鄉村麵包變成外層香酥、內裡有嚼勁，表面呈網狀烤痕，口感完全不同的三明治。而樸素的鮪魚沙拉，也因為加入番茄與橄欖等配料，變得充滿朝氣。做法：以鄉村麵包＋高達起司、番茄乾、鮪魚、橄欖和洋蔥（夾入食材）搭配完成。

長19×寬8.5×高2.5公分

店長
菅井悟郎

切面

Data

Sens et Sens

地址：東京都町田市筑紫野1-28-6
電話：042-850-5909
營業時間：11:30-18:00（最後點餐17:00）
公休：週三、週六
網站：sens.uan.jp

選擇性高的客製化三明治！

談天說地好去處Parlour Ekoda

店家準備了多種麵包，讓顧客可以依照自己的喜好，自由搭配麵包和食材，享用滿足度破表、客製化的美味。

文字：Discover Japan 編輯部
攝影：原田教正

以提供「自由的三明治」為基礎的店

「我們家的麵包一開始是為了製作三明治而研發。」「Parlour Ekoda」的店主原田浩次這麼說。以前，他會在背包裡放入麵包，一邊製作三明治一邊旅行。就是在那時發現了可以自行選擇麵包與食材的三明治咖啡店，所以自己也開了一家以提供「自由的三明治」為基礎的店。

客人有十種左右的麵包可以選擇。菜單上原田會加以說明，例如硬麵包會標示「如果做成三明治可能會很難咬」之類的說明。完整提供麵包的資訊，讓客人依照自己的心情與喜好挑選，是這家店的風格。能夠依照自己的喜好獲得客製化的三明治，是一件令人愉快的事。「Parlour」原本就是聊天八卦打發時間的場所。像古代的人會以打水為藉口出門，與他人聚集在一塊兒談天說地，這其實就是Parlour的文化。只是這裡的主角不是井水，而是麵包。

使用古民家改裝的店面，玄關放置了一個麵包展示架。天花板懸吊著水晶燈，還有轉盤式的傳統電話。另外還設有紅酒櫃，可以聽到紅酒生產者的故事。在寒冷的季節，望著壁爐的火光，手拿一杯紅酒，享受著三明治的美味。

切面

爐烤雞肉與鴻喜菇、爐烤季節蔬菜搭配義大利香醋

雙重帕里尼（W三明治）

直接在麵包放上同份量的兩種配料，這種雙重三明治是貪吃鬼的最好選擇。平底鍋鹽烤大山雞與鴻喜菇，搭配酸甜的義大利香醋和胡桃，味道十分協調。做法：以全穀粒麵粉胡桃麵包＋大山雞、茄子、南瓜和鴻喜菇（夾入食材）搭配完成。

長14×寬10×高7公分

帶你認識Parlour Ekoda江古田的麵包！

【三明治類Sandwich】

可依麵包的口感自由選擇，搭配適合的抹醬與夾入食材，是客製化三明治最吸引人的地方。

1 原田一邊製作料理，一邊說明食材或紅酒生產者的故事。對面的吧檯是特別座。2 也有非常多種天然起司。3 可以挑選自己喜歡的麵包做成三明治。

自由組合三明治！

Data

Parlour Ekoda

地址：東京都練馬區榮町41-7
電話：03-6324-7127
營業時間：8:30-18:00
公休：週二
（如遇假日則隔天休）
網站：parlour.exblog.jp

店主
原田浩次

仔細品嘗多汁番茄的甘美

新鮮番茄與義大利綿羊起司帕里尼

有嚼勁的佛卡夏，麵團是加入馬鈴薯揉製而成，因此和配料的迷迭香與粗鹽真是絕妙的組合。花了一個晚上醃漬的番茄甜味十足，更突顯了綿羊起司的鹹味。做法：以佛卡夏＋番茄、義大利綿羊起司（夾入食材）搭配完成。

長12×寬8×高7公分

切面

火腿與芥末都是自製

自製火腿與胡蘿蔔絲三明治

從肉類專門店「中勢以」進貨，豬前腿與後腿各兩支，提供一週火腿、香腸、熟肉抹醬、鄉村冷肉醬之用。比一般要厚的多汁火腿，與香氣濃郁的法式長棍麵包，形成了最佳組合。做法：以法式長棍麵包＋自製芥末醬（抹醬）＋胡蘿蔔絲、自製火腿（夾入食材）搭配完成。

長15×寬7×高7公分

切面

享受當季的食材

現做蔬菜三明治

在點餐之後，才將季節蔬菜下鍋炒熟製成的三明治。每次的食材都不相同，可以享受季節的樂趣。這次使用的蔬菜有十種，最後撒上當成醬汁的白起司即完成。做法：以湘南小麥麵包＋白花椰、綠花椰、青花筍、胡蘿蔔、島胡蘿蔔、菊薯、櫻桃蘿蔔、蔥、四季豆、甜菜葉和白起司（夾入食材）搭配完成。

長20×寬10×高6公分

切面

和主餐一樣美麗的三明治！

體驗美食與藝術Réfectoire

讓你放鬆心情享受高品質三明治的咖啡座。可悠閒隨意點餐，與三兩朋友聊天或當作辦公開會的最佳場地。

文字：Discover Japan 編輯部
攝影：原田教正

法式咖啡廳的常態商品
庫克太太三明治

大約在100年前，巴黎的咖啡廳發明了一種火腿與起司的熱三明治「庫克先生」（這也是常態商品），上面加上荷包蛋就成了「庫克太太三明治」。融化的起司香氣，濃厚的白醬，都讓人食指大動。做法：以白吐司＋白醬（抹醬）＋雞蛋、格拉娜帕達諾起司、莫札瑞拉起司、葛瑞爾起司和無骨火腿塊（夾入食材）搭配完成。
長11×寬5.5×高4公分

愉快地享用三明治，一邊聆聽現場的音樂演奏。

面對明治通的Takeo Kikuchi旗艦店三樓，有一家在京都與東京分店都不少的人氣麵包店「Le Petitmec」，另外也開了內用咖啡座Réfectoire。這裡不是像服裝品牌經營的時髦咖啡廳，而是讓客人拿著托盤點餐，像公司餐廳那樣的自助式咖啡店。寬廣的店內提供Wi-Fi，所以很多人會在這裡用筆電工作或是開會。不過這裡的餐點具有正式餐廳的品質。三明治的麵包是在廚房從揉麵開始製作，食材也是師傅用法

帶你認識Réfectoire的麵包！

【三明治類Sandwich】

以白吐司、布里歐等各式麵包為底製作的三明治，加上海鮮、生菜食蔬或季節限定食材，推出超輕食鹹甜口味的三明治。

切面

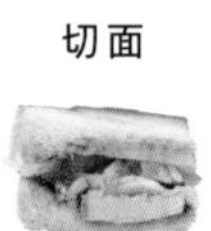

和式風味的人氣壓烤三明治

煙燻雞肉與紫蘇醬的熱三明治

雖然馬鈴薯是從削皮開始，但因為是用正式餐廳的蒸氣式烤箱，所以在短時間內就能煮熟。這家店擁有許多可以提供快速便宜又美味食物的祕密武器。做法：以白麵包＋紫蘇醬（抹醬）＋煙燻雞肉、番茄、馬鈴薯和煙燻起司（夾入食材）搭配完成。

長16×寬5.5×高3.5公分

切面

搭配沙拉的蝦、半開放式三明治

酪梨、大螯蝦、螃蟹、綠花椰的涼拌三明治

大螯蝦與螃蟹搭配綿密的酪梨，一起放在吐司上。旁邊的生菜葉，拌上些許番茄奶油醬，所有食材都呈現朝氣蓬勃的風味，是一道能夠搭配香檳或白酒享用的餐點。做法：以白吐司＋大螯蝦、酪梨、螃蟹、綠花椰和蛋（夾入食材）搭配完成。

長12×寬5.5×高5.5公分

切面

可以在廚房製作的烤牛肉

烤牛肉佐義大利香醋的法式長棍鄉村三明治

在廚房完成的多汁烤牛肉，使用義大利香醋與葛瑞爾起司來熟成，並調和肉的美味，然後用特製的法式長棍鄉村麵包夾起來。做法：以法式長棍鄉村麵包＋義大利香醋（抹醬）＋烤牛肉、生菜心、葛瑞爾起司（夾入食材）搭配完成。

長13×寬7×高8公分

切面

CP值最高的三明治！

海鹽焦糖香蕉三明治

甜、鹹、苦三種味道融合在一起，海鹽焦糖味的卡士達醬真是讓人沉迷。這是全年都可以享用的餐點。另外還有使用莓果等製作的季節限定水果三明治。做法：以布里歐＋海鹽焦糖卡士達醬、鮮奶油（抹醬）＋香蕉、海鹽焦糖卡士達醬、鮮奶油（夾入食材）搭配完成。

長16×寬5.5×高4公分

國菜的手法調理而成。這樣的餐點居然只要200日圓（約台幣70元）就能享用。就算要自助點餐，這種價格能夠吃到真正的三明治也太棒了！因為配合顧客需求，三明治的大小只有2012年剛開始營業時的一半，全部品項也都可以外帶。

除了愉快地享用三明治，也開始提供現場的音樂演奏。牆上設有可以掛畫的軌道，所以會定期舉辦攝影或插畫個展。音樂人、插畫家或攝影師，都喜歡Le Petitmec的麵包，因為麵包而結緣的藝術家於是聚集在此。

Data

Réfectoire

地址：東京都涉谷區神宮前6-25-10 TAKEO KIKUCHI大樓3樓
電話：03-3797-3722
營業時間：8:30-20:00
內用8:30-19:30（最後點餐19:00）
公休：無
網站：lepetitmec.com

受人矚目的三明治店！

自行研發麵包的Tolo Sand Haus

為了將三明治的風味發揮到極致，特別自行開發了多款三明治來搭配。
選用的食材也會依四季有所變化，讓顧客品嘗到屬於當季的限定美味。

文字：Discover Japan 編輯部
攝影：原田教正

肉也好魚也好蔬菜也好，全部都想吃光光的三明治。

魚排和抹醬

煙燻鮭魚與胡蘿蔔絲

魚排三明治（左）和煙燻鮭魚與胡蘿蔔絲三明治（右）。三明治的種類會根據時間與季節有所不同，所以隨時都會想過去看看。

應該先做自己定義的常態商品，追求標準而美味的三明治。

位於池尻大橋站前商店街的麵包店「Tolo Pan Tokyo」，是一家與地區活動緊密結合的麵包店，負責供應鄰近咖啡廳使用的麵包。從2009年開幕以來，受到當地民眾與飲食店的喜愛。而其姊妹店則是在2015年秋天誕生的「Tolo Sand Haus」。才開幕幾個月，靠著口碑與媒體報導，受到眾人矚目。不管是住在商店街附近地區的家庭、池尻大橋站周圍的上班族、還有聽說三明治傳聞前來嘗鮮的外國旅客，男女老少、不分國籍，大家都愛吃。招牌商品是與Tolo Pan Tokyo共同研發的餐包。Tolo Sand Haus使用的麵包總共有六種，全部都是為了將三明治的風味發揮到最大程度而自行研發的商品。

「並沒有想出奇制勝，我們認為應該先做自己定義的常態商品，追求標準而美味的三明治。」店主佐藤真這麼說。「B・L・T」或是「煙燻鮭魚與胡蘿蔔絲」這種標準的餐點之所以會列在菜單上，也是希望大家能夠藉此享受麵包本來的味道。雖然可以外帶，但如果想要100%品嘗到三明治的美味，建議現做現吃比較好。

點餐後才開始製作三明治。可以從店裡的吧檯看到工作人員調理的過程。

1 店內空間狹長。除了吧檯之外，也備有普通餐桌席位。2 融化的鮪魚三明治製作過程。3 採用新推出的餐包製作的煙燻鮭魚與胡蘿蔔絲三明治。「三明治的份量感也非常重要。」佐藤這麼說。

帶你認識Tolo Sand Haus的麵包！

【三明治類Sandwich】

利用每季的新鮮食材，加上特製的麵包，完成顏色鮮艷，全部都想吃光光的三明治！

切面

堂堂人氣NO.1三明治

融化的鮪魚三明治

濃厚的鮪魚與起司，搭配醃漬小黃瓜與番茄的清爽風味，與西洋芹輕脆的口感融為一體。是擁有多層次深度風味，充滿魅力的開放式三明治。「我常吃的那種。」會這樣點餐的常客很多，外國旅客也很喜歡，是人氣相當高的招牌餐點。做法：以芝麻麵包＋芥末美乃滋（抹醬）＋切達起司、番茄、醃漬小黃瓜、西洋芹、鮪魚、起司碎片（夾入食材）搭配完成。

長14×寬5.5×高3.5公分

切面

清爽口感的竹筴魚排！

魚排漢堡

使用昆布熟成後的竹筴魚，為了呈現清爽口感，搭配的是以白酒提味、五種古崗左拉起司調製的淋醬。香草餐包上撒了杏仁碎片與葛縷子，份量十足，讓人一口接一口。做法：以香草餐包＋芥末美乃滋（抹醬）＋炸竹筴魚排、西洋芹、芋頭和洋蔥（夾入食材）搭配完成。

長8.5×寬8.5×高7公分

切面

這就是酸味的黃金平衡

煙燻鮭魚與胡蘿蔔絲三明治

溫潤風味的奶油起司、豐厚有嚼勁的煙燻鮭魚、輕脆口感的胡蘿蔔絲，注重三者交織出平衡酸味的三明治。做法：以可可餐包＋奶油起司（抹醬）＋煙燻鮭魚、胡蘿蔔絲（夾入食材）搭配完成。

長8.5×寬8.5×高7公分

切面

在口中融化的炸菲力牛排三明治

炸菲力牛排三明治

炸菲力牛排，最重要的就是肉的處理。將筋全部挑掉、肉質拍軟，就能變成即使冷了也不會硬掉的柔軟炸牛肉排。醬汁是用洋蔥加上紅酒，以無花果為基底，長時間熬煮而成。因為份量十足，所以盡量採用清爽的醬汁來搭配。做法：以小麥麩皮麵包＋芥末美乃滋（抹醬）＋炸菲力牛排、紫高麗菜、油漬西洋菜、烤蘑菇和芝麻（夾入食材）搭配完成。

長13.5×寬12×高3公分

店主佐藤真（右），以及麵包師傅田中真司（左）。

充滿魄力的份量感！

烤牛肉三明治

以簡單食材調理而成的烤牛肉三明治。和「B・L・T」一樣，希望大家能仔細品嘗全麥麵包的美味，所以用標準三明治的方式製作。做法：以全麥麵包＋芥末美乃滋（抹醬）＋自製烤牛肉、洋蔥、萵苣、紅酒醬汁和青辣椒（夾入食材）搭配完成。

長14×寬11×高8公分

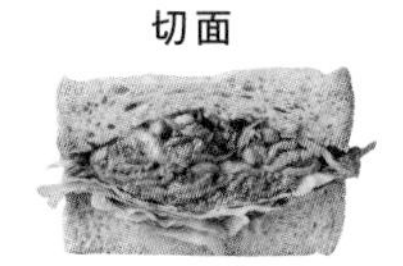

切面

Data

Tolo Sand Haus

地址：東京都目黑區東山3-14- 3
電話：03-6452- 3450
營業時間：11:30-16:00（最後點餐15:00）
公休：週二

沉醉於懷舊又新潮的長形麵包！

Iacoupé麵包好吃的關鍵

不管時代多麼進步，料理技術如何升級，iacoupé 專注於受到大家持續喜愛的長形麵包的製作，希望製作出各式各樣好吃的麵包。

文字：山本章子
攝影：山平敦史

1 從麵包裡滿出來的食材，非常有 lacoupé 的風格，份量十足。2 會推出週末或季節限定的長形麵包，不時就會想路過瞧瞧。3 可以外帶，也備有專用紙盒。

從最初的五種內餡食材搭三種麵包，增加至目前的二十種內餡食材、四種麵包。

「lanak!」麵包店，位於殘留著東京下町舊市區風情的谷根千地區。這是一家當地居民不分男女老幼，絡繹不絕每天光顧的店。從硬麵包到蔬菜麵包，陳列著出身於梅森凱瑟（Maison Kayser）麵包店的老闆今井孝幸，以高超的技術製作出各式各樣好吃的麵包。經過店門口的人力車夫，也會告訴乘客說：「這裡的麵包很好吃，我常來買。」於是車子就靠過去停下的景象。

與當地如此緊密結合的街角麵包店lanak!，2014年在上野開設了長形麵包專門店「lacoupé」。負責經營lacoupé的，是老闆娘直子。

「當初說要開設2號店時，因為店面狹小，沒有烤製麵包的空間，所以決定從lanak!送來烤好的長形麵包，到店裡再夾入食材這樣的形式。日本人很熟悉的長形麵包，在這我們也能做得起來吧！但如果是開在表參道的話，可能會覺得和長形麵包不太搭呢!」直子一邊笑著說。

2014年「lacoupé」剛開幕時，只提供了「炸牛排」、「馬鈴薯沙拉」、「紅豆奶油」、「蜜柑」、「草莓卡士達」五種口味。相對於五種內餡食材，準備了「原味」、「全穀粒」與「布里歐」三種麵包。如今菜單品項逐漸增加，現在常態提供的內餡食材已達約二十種。麵包也另外增加了「可可」口味，變成四種可以挑選。

踏踏實實地確立了「現在」的長形麵包風格

說起來，在長13.5公分這麼小的麵包裡，塞進多得不能再多的內餡食材，這也算是三明治的一種風格。直子希望即使是女性，在選擇午餐時，也能同時享受做為主餐的鹹麵包和點心的甜麵包，所以對於麵包的尺寸特別用心。不只看起來份量十足，同時使用高品質的食材，讓人吃完以後滿足度極高。「以麵包的比例來說，內餡增加不少，這就和lanak!的麵包一樣（笑）。因為是夾餡的長形麵包，考慮到客人點餐之後當場夾入內餡，那麼內餡食材是否會因此受到限制。其中也有夾入三、四種餡料的狀況，我們會讓工作人員對新商品進行自由發想，現在回過頭來看，覺得這樣做真是太好了。」如同直子所說，店裡的確常常發表新菜色與新菜單。

情人節的話會使用巧克力，賞花的季節會使用櫻花，這些都會在訂定菜單時納入考量。lacoupé不光是懷舊，也不光追求新奇的未來，而是踏踏實實地確立了「現在」的長形麵包風格，相信今後一定能夠引領長形麵包界的標準吧！

Data

lacoupé
地址：東京都台東區上野公園1-54 上野之森Sakura Terrace購物中心3樓
電話：03-5812- 4880
營業時間：10:00-19:00
公休：無

lanak!
地址：東京都荒川區西日暮里4-22- 11
電話：03-3822- 0015
營業時間：8:30-19:00
公休：不定

主廚 道又沙代

帶你認識Iacoupé的麵包！

【甜麵包類Bread】

新奇！有趣！長形麵包大集合。除了常態商品之外，期間限定菜單在陳列著約二十種麵包的展示架上，大約佔了2～4種。

切面

外觀與風味都是大人口味的長形麵包

開心果麵包

滿滿的開心果奶油上撒了大塊的開心果碎。可可麵包的苦味更突顯了奶油的風味。食材選用：可可麵包+開心果奶油、開心果。

切面

蓬鬆的花生奶油

花生麵包

甜甜的花生奶油搭配原味麵包，是令人懷念的味道。蓬鬆的奶油裡拌入碎花生，顆粒的口感更顯美味。食材選用：原味麵包+花生奶油。

切面

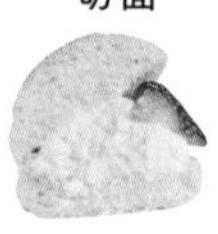

草莓季節才有的樂趣

草莓卡士達麵包

自製奶香風味的低糖卡士達醬非常美味。每天早上都在店裡親手製作，呈現出草莓鮮奶油蛋糕那種高級的口感。食材選用：原味麵包+草莓、卡士達醬。

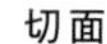
切面

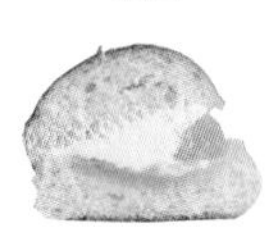

讓人高興的伴手禮甜點

蜜柑2015麵包

古早的罐頭蜜柑，搭配類似橘子果醬的蜜柑醬，再加上鮮奶油，各種不同的風味經過悉心調理均衡地融為一體。食材選用：布里歐＋蜜柑、鮮奶油、蜜柑醬、酸奶油、法式酸奶油。

切面

就像濃厚的起司蛋糕一樣！

莓果奶油起司麵包

加入蔓越莓、藍莓的覆盆子醬，搭配奶油起司，呈現濃厚豪華的口感。壓碎的Oreo餅乾與可可麵包些微的苦味，讓整體更為融合。食材選用：覆盆子醬、奶油起司、Oreo餅乾。

切面

從嘗試錯誤中誕生的新甜點

黑糖蜜黃豆粉麵包

用糯米粉親手製成的求肥餅（加了糖的柔軟麻糬）加上黑糖蜜，麵包塗上黃豆粉醬。這款甜麵包是眾人期待的新作品。黑糖蜜將麵包與求肥餅連結起來，呈現出融為一體的感覺。食材選用：原味麵包＋求肥餅、黑糖蜜、黃豆粉醬。

切面

紅豆餡與奶油完美融為一體

紅豆奶油麵包

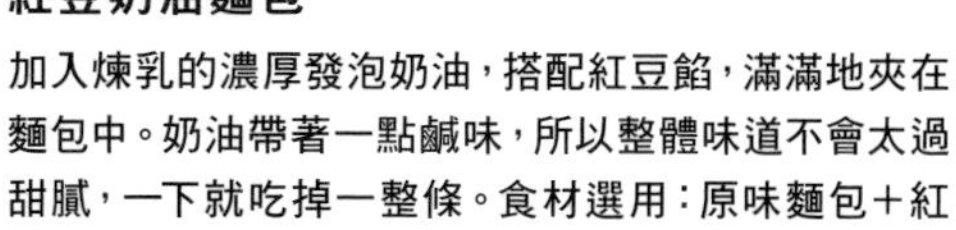
加入煉乳的濃厚發泡奶油，搭配紅豆餡，滿滿地夾在麵包中。奶油帶著一點鹹味，所以整體味道不會太過甜膩，一下就吃掉一整條。食材選用：原味麵包＋紅豆餡、奶油霜。

【鹹麵包類Bread】 多種嘗試與創意，推出數款極受歡迎的鹹口味麵包。

與吐司麵包做的豬排三明治味道有點不一樣！

炸牛排伍斯特醬麵包

週末限定的商品。早上現炸的牛排淋上伍斯特醬。輕脆的高麗菜使用蜂蜜芥末醬來提味。與全穀粒麵包的味道也很相合。食材選用：全穀粒麵包＋炸牛排、高麗菜、伍斯特醬。

切面

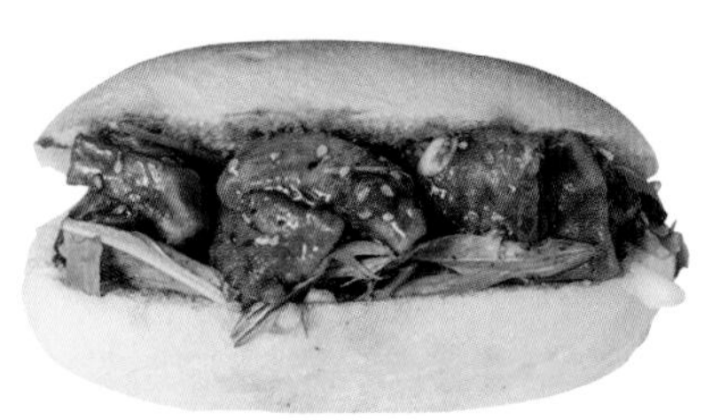

中式調味十分新鮮

甜辣雞肉麵包

炸雞塊淋上加入胡椒、帶有麻味的甜辣醬，是新推出的商品。同時夾入日本水菜，輕脆的口感別具風味。食材選用：原味麵包＋炸雞塊、日本水菜、蔥。

切面

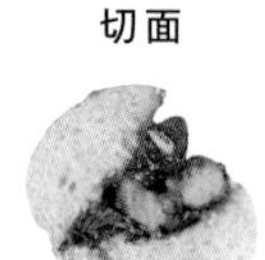

始終熱賣的人氣馬鈴薯沙拉最新版本

厚切培根與起司的馬鈴薯沙拉麵包

拌入厚切火腿塊的馬鈴薯沙拉，撒上大量胡椒，做成奶油培根義大利麵風味。柔潤的口感，讓馬鈴薯沙拉吃起來像是馬鈴薯泥一樣。食材選用：奶油培根義大利麵風味的馬鈴薯沙拉。

切面

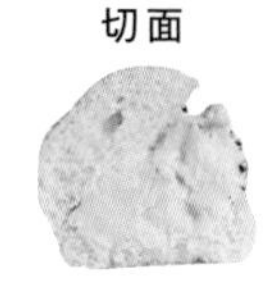

切面

這就是「配菜麵包」最佳的風味

炒麵麵包

麵包裡夾的炒麵是大澤製麵生產、具有嚼勁的蒸麵。調味有點濃厚的粗麵，一定要搭配紅薑絲。但是不使用美乃滋。食材選用：原味麵包＋炒麵、紅薑絲。

切面

熱熱的番茄醬風味，肚子也好滿足

拿坡里義大利麵（原味麵包）

拿坡里義大利麵的特色，是含有切成大塊的洋蔥、青椒、培根。熱熱的吃很不錯，不過因為味道融入麵包中，所以冷了還是很好吃。食材選用：拿坡里義大利麵。

切面

夾入洋蔥圈，份量十足

炸牛排番茄醬麵包

粗鹽醃牛肉製作成外層是酥脆麵衣的炸牛排，淋上加入大量蔬菜煮成的番茄醬。與其說是醬汁，不如說是搭配蔬菜雜燴一起吃的感覺。食材選用：全穀粒麵包＋炸牛排、洋蔥圈、番茄醬。

Q彈的蝦子與塔塔醬是關鍵

炸蝦蝦麵包

這款炸蝦三明治夾了一整尾炸得脆脆的蝦子。淋醬與高麗菜絲加上塔塔醬，鹹淡合宜，與麵包融為一體。食材選用：原味麵包＋炸蝦、高麗菜絲、塔塔醬、淋醬。

切面

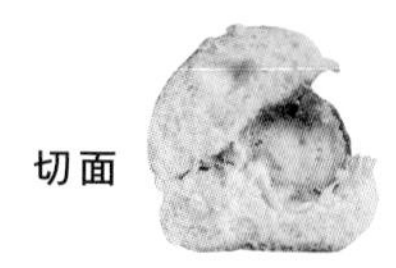

切面

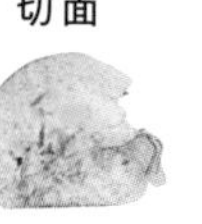

常態商品變化而來的期間限定品

高麗菜與粗鹽醃牛肉的馬鈴薯沙拉麵包

馬鈴薯泥拌入大量的粗鹽醃牛肉。常態的人氣馬鈴薯沙拉，會依照季節的不同更換組合食材，像是加入毛豆，或是做成薑燒豬肉口味等。食材選用：原味麵包＋高麗菜、加入粗鹽醃牛肉的馬鈴薯沙拉。

切面

滿溢出來的肉，讓人開心

牛排麵包

將每天早上都會進貨的澳洲牛肉整塊拿去烤，切成厚片多汁的牛排。番茄起司奶油醬和芥末的組合，口味絕妙。食材選用：全穀粒麵包＋牛排、萵苣、番茄起司奶油醬、芥末。

切面

重新加熱也很好吃

BBQ漢堡

使用烤肉醬的漢堡，吃起來像便當裡的肉丸子，味道令人懷念。醬汁的濃稠度調整得剛剛好，就算放一段時間，麵包也不會濕爛。食材選用：原味麵包＋漢堡肉、洋蔥。

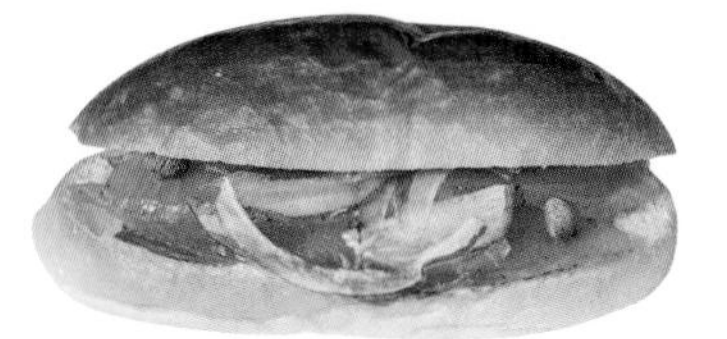

切面

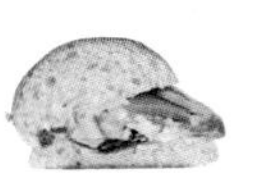

布里歐麵團的新境界

酪梨煙燻鮭魚麵包

煙燻鮭魚與酪梨的最強組合，再淋上塔塔醬。雖然一般都會搭配貝果，但使用入口即化的布里歐來製作這款三明治，感覺十分新鮮。食材選用：布里歐＋煙燻鮭魚、酪梨、紫洋蔥、酸豆、萵苣、塔塔醬。

使用最新設備製作懷舊風味的長形麵包！

平凡麵包的不凡風味
Le Petit Mec Omake

在普通的長形麵包中，運用法式料理的手法，讓其中一兩種味道變得不一樣，就成為了 CP 值高、吸引人的麵包。

文字：清水美穗子
攝影：山平敦史

巨大鬆軟的長形麵包，夾入炒麵、拿坡里義大利麵，或是紅豆餡等。長形麵包會因為中間餡料的不同呈現各式各樣的變化。

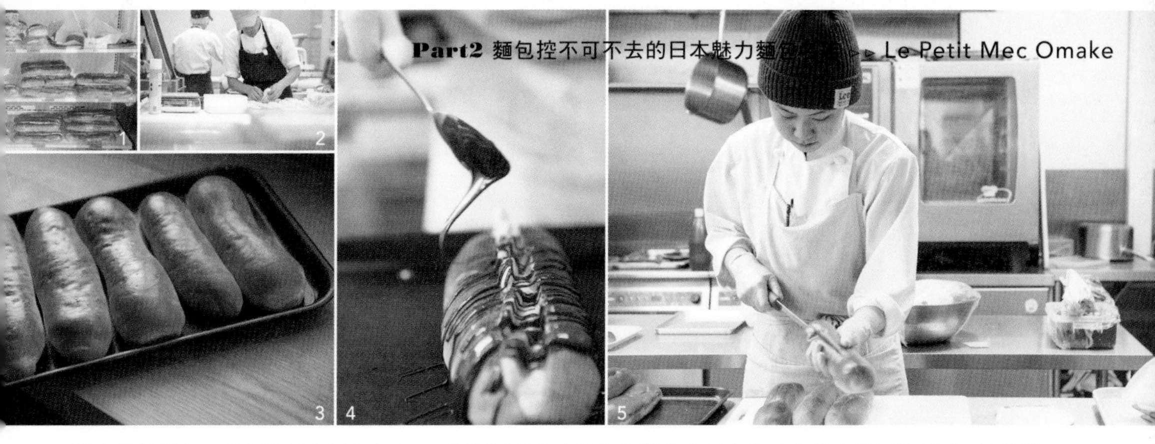

1 剛出爐的麵包一個個陳列在展示架上。2 賣場裡面的廚房負責製作京都市內四家分店使用的麵團，然後送到各店烤焙完成。3 剛出爐的 Omake 標準長形麵包。4 夾入只用鮮奶製成的低糖純鮮奶油，再擠上可可脂54%的調溫巧克力。5 設置有蒸氣式烤爐等最新機器的廚房，讓師傅自由使用製作長形麵包三明治。

2015年設立了附屬於中央廚房的小店Le Petit Mec Omake。

「我製作麵包是希望大家開心。」以京都為發源地，目前市內展店四家的人氣麵包店「Le petit mec」，老闆兼主廚的西山逸成這麼說。

1998年在今出川開幕的Le Petit Mec，是以製造販賣正統長棍麵包、可頌等法式麵包為業。並設的咖啡店，使用鋪了紅色格子桌巾的桌子、法國老電影的海報、一整面的塗鴉牆等，表現出對巴黎憧憬的裝潢。在御池的2號店則是以黑色為基調的現代風格，為了讓大眾能夠享受法式料理的美味，以簡易三明治方式販賣。然後京都的3號店大丸京都店，則是粉紅或黃色等多彩的多拿滋，以及搭配法式配菜餡料的貝果三明治為主。

2015年，為了更有效率地製作三家店舖使用的麵團，所以在交通方便的四条烏丸設置了備有許多大型機器與設備的中央廚房。當然也想順便開設店面，所以並置了一家附屬的小店，名字就是「Le Petit Mec Omake」（Omake是附屬的意思）。

運用法式料理的手法，讓其中一兩種味道變得不一樣。

Omake販賣的是「蜜柑・鮮奶油」、「炒麵麵包」這類非常具有昭和風味的懷舊三明治。看起來雖然懷舊，但在Le Petit Mec的西山調理之後，就不是普通的長形麵包了。運用法式料理的手法，讓其中一兩種味道變得不一樣，就成為了CP值很高的商品。

譬如「巧克力・香蕉」。這款長形麵包使用的是調溫巧克力，然後奶油是只用鮮奶打成的純鮮奶油，完全只用天然的食材。不過，也有很多客人並不知道這家店的堅持與名氣就進來購買。

「因為喜歡麵包。」只因為這樣的理由就進來買麵包的人，從小孩到老年人都有。能讓京都的人每天都瞇著眼睛開心地說：「好好吃喔！」西山總是將做出這樣的商品當成最重要的事情來思考。

Omake的二樓現在已經準備好，要開設在東京大家都知曉的咖啡廳「Réfectoire京都」了。讓我們對西山今後要開展的世界抱持更高的期待吧！

Data

Le petit mec OMAKE

地址：京都府京都市中京區池須町418-1協和大樓1樓
電話：075-255-1187
營業時間：9:00-19:00
公休：不定
網站：lepetitmec.com

只是想要讓客人開心！

店主兼主廚
西山逸成

帶你認識Le Petit Mec Omake的麵包！

【甜麵包類Bread】

OMAKE的長形麵包三明治雖然很巨大，但因為注重口感平衡，所以不知不覺就吃掉一整個。看看以下有哪些好吃的麵包！

自製卡士達醬與真正的巧克力

巧克力・卡士達・鮮奶油麵包

因為使用可可脂54%的調溫巧克力，所以巧克力的味道很濃。此外，卡士達醬也是自製，絕對可以成為你吃過最高等級的味道。食材選用：調溫巧克力、卡士達醬、純鮮奶油。

切面

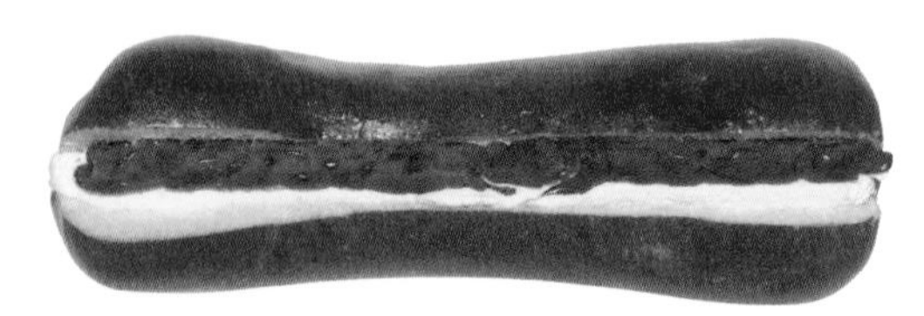

大量使用和菓子老店中村軒的紅豆粒餡

紅豆粒餡・鮮奶油麵包

使用京都和菓子老店中村軒的紅豆粒餡。從以前就是用大釜（類似鍋子的金屬容器）蒸煮，不加水飴糖漿，是和菓子專用的高級紅豆餡，與Omake的長形麵包組成了最佳拍檔。食材選用：紅豆粒餡（中村軒製）、純鮮奶油。

切面

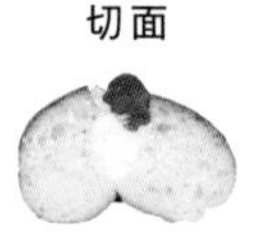

最受女性歡迎

蘭姆葡萄乾煉乳奶油麵包

葡萄乾與奶油、蘭姆酒與牛奶的相遇。食材之間互相呼應融合，看起來簡單，但吃起來是會讓人覺得感動的高級三明治。食材選用：煉乳奶油（煉乳、奶粉、糖粉）、蘭姆葡萄乾。

切面

昭和懷舊的罐頭蜜柑

蜜柑・鮮奶油麵包

擠上大量的低糖純鮮奶油，擺上酸酸甜甜的蜜柑，充滿懷舊感覺的溫柔風味。和熱狗麵包一樣，使用粗短的長形麵包製作。食材選用：蜜柑、鮮奶油。

切面

大家最喜歡的原味鮮奶油

煉乳奶油麵包

雖然是很簡單的三明治，但是非常講究技術與食材品質。充滿空氣感的蓬鬆煉乳奶油，與長形麵包非常搭配。奶香濃郁讓人饞得受不了。食材選用：煉乳奶油（煉乳、奶粉、糖粉）。

切面

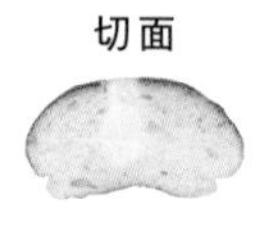

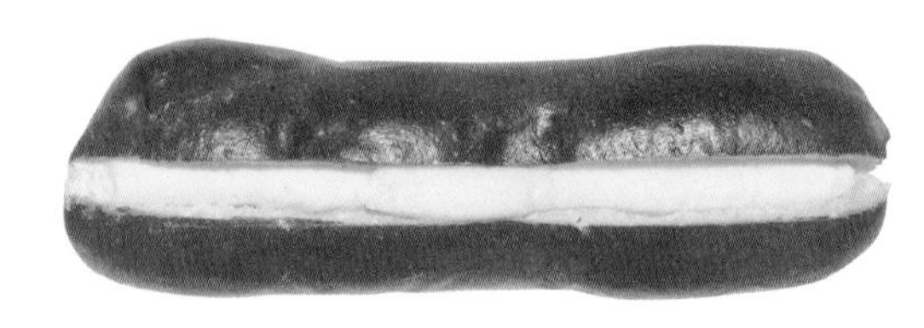

蓬鬆輕盈的西式甜點麵包

巧克力香蕉麵包

第一眼會覺得份量十足，但口感就和閃電泡芙一樣輕盈，入口即化。奶油與巧克力不會過甜，香蕉一定使用最新鮮的，即使是成年人也會愛上的絕妙平衡口味。食材選用：自製卡士達醬、純鮮奶油、香蕉、調溫巧克力。

切面

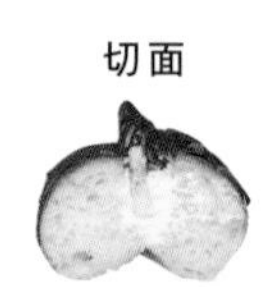

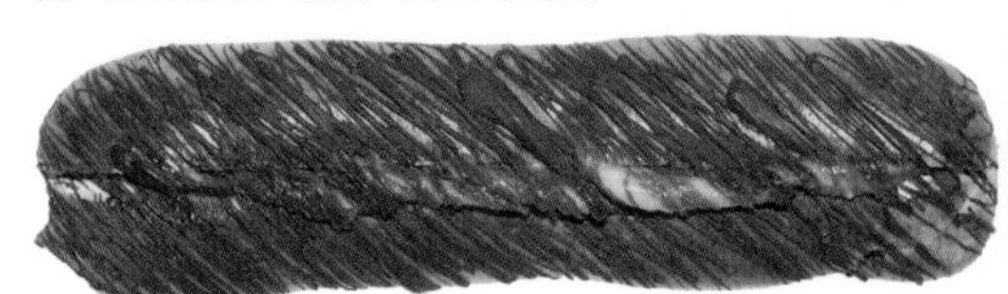

【鹹麵包類Bread】

加入炒麵、配菜等餡料，注重食材與口感平衡的長形麵包三明治。

份量十足，令人大大滿意的三明治

豬排麵包

醃漬豬里肌肉製成的厚切炸豬排，豪華地夾了三塊進去，是價格最高的三明治。帶著甜味的番茄醬加入了檸檬，還有大量的高麗菜，呈現清爽口感。食材選用：豬里肌、番茄醬、芥末籽和高麗菜。

切面

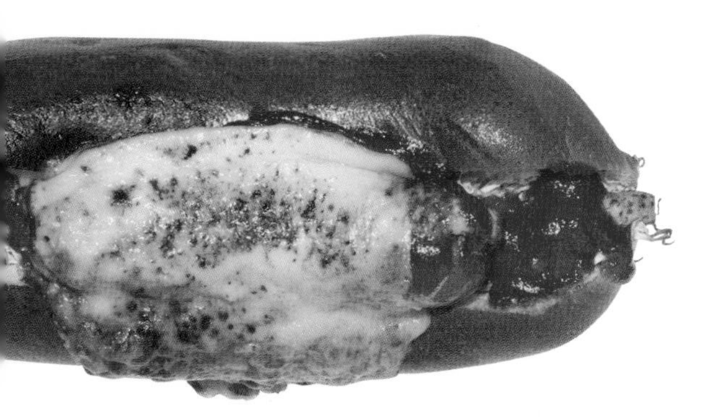

法國風。最後用噴槍燒烤完成！

熱狗麵包

高麗菜絲上面擺放「沖繩火腿」粗絞香腸製成的三明治。最後放一片瑪利波起司，用噴槍燒融上色。這絕對是令人想當成早餐的一款三明治。食材選用：粗絞香腸、高麗菜、瑪利波起司。

切面

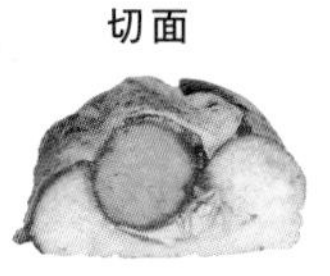

最新式烤箱製成的炒麵

炒麵麵包

蒸氣式烤箱也可以製作炒麵。醬汁混合了大阪燒醬與炒麵醬。這樣的品質與份量價格很平實，真是令人吃驚地便宜。食材選用：炒麵、豬肉、高麗菜、紅薑絲。

切面

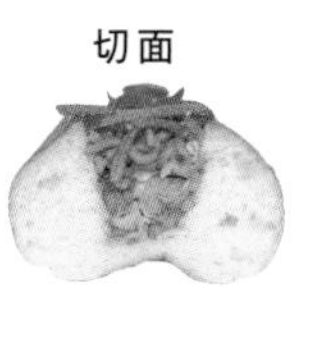

以中學時代輕食店的味道為基礎

拿坡里義大利麵麵包

粗義大利麵搭配另加入醬汁調和的番茄醬，用蒸氣式烤箱製作出口味濃厚的拿坡里義大利麵。看起來相當平凡，但有著令人懷念的味道。食材選用：培根、青椒、洋蔥、洋香菜、義大利麵和番茄醬汁。

切面

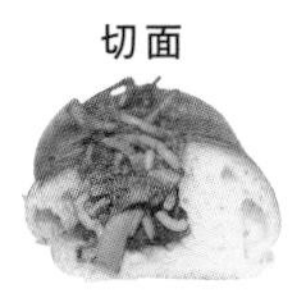

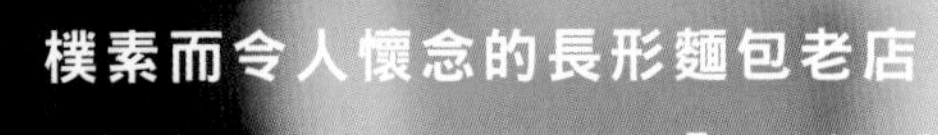

樸素而令人懷念的長形麵包老店

堅持原味的Maruki製麵包所

主要是以柔軟、甜味適中且入口即化的原味麵團製作長形麵包，
這種麵包不論搭配克林姆、巧克力、炸豬排、沙拉，通通都可以，
彈性非常大，很受顧客歡迎。

文字：清水美穗子
攝影：山平敦史

店裡人氣的可樂餅餐包。中午出爐陸續從廚房送出來，連包裝都來不及就賣掉了。

應用廣泛，可以按照客人的希望夾入他們想吃的東西。

在京都中心區的商店街中，松原京極商店街在以前可算非常熱鬧。現在雖然氣氛變得比較悠閒，不過「Maruki製麵包所」周邊還是充滿熱絡氣氛，彷彿時光倒流般呈現出昭和時代令人懷念的風景。媽媽帶著小孩，騎著腳踏車去買麵包的身影，穿著工作服的男人抱著裝滿長形麵包三明治的袋子，腳邊跑過一隻貓咪……

町家建築造型的店門口正對著馬路，戴著頭巾、穿著長袖圍裙的女店員們招呼著客人。裡面的廚房可以看到忙碌地烤焙麵包，以及將配菜和奶油夾入麵包的師傅們。老闆木元廣司是第二代老闆，繼承家業已經超過四十年。「以前這裡有女子高中，大概是大阪萬國博覽會那個時候。女高中生會在午餐休息時間跑出來買麵包，簡直是要把門拆了那樣湧過來，然後喊著要克林姆麵包、巧克力麵包，所以就開始以販賣餐包（長形麵包）為主了。因為應用廣泛，可以按照客人的希望夾入他們想吃的東西。」

夾入的食材沒有什麼特別執著的地方，只要好吃就好。

早上六點半，店裡就開始賣出一個個餐包，其中還有不少夜遊到早上才回家的客人。餐包使用的是原味麵團，非常柔軟又不會過甜，入口即化，不管是搭配克林姆、巧克力、炸豬排、沙拉，通通都可以，彈性非常大。

牆上貼的菜單可以看到「紅豆麵包」這個品項，大概只有常客才會知道是夾著紅豆餡的長形麵包三明治吧。一般普通的紅豆麵包指的是「圓形的紅豆麵包」，不過長形麵包可以夾入更多紅豆內餡，非常受歡迎。夾入的食材，「沒有什麼特別執著的地方，只要好吃就好了。」木元笑著說。要紅豆餡也要奶油，像這種特別的點餐也可以客製。不過還是先來個用薄紙包住，剛出爐的火腿餐包吧！應該是令人懷念又溫柔的味道。

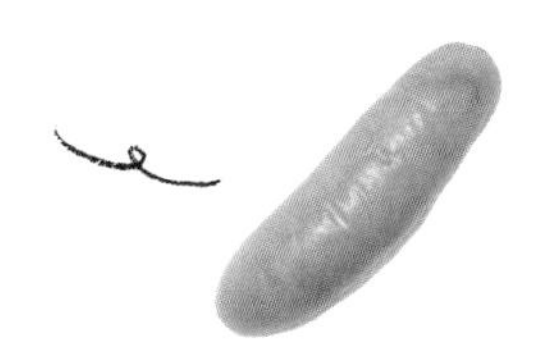

剛夾入食材的三明治陸續賣出

Data

Maruki製麵包所

地址：京都府京都市下京區松原通堀川西入

電話：075-821-9683

營業時間：6:30-20:00，週日、假日7:00-14:00

公休：無

店主 木元廣司

【甜麵包類Bread】

Maruki製麵包所的長形麵包菜單總共有十四種品項，當中甜麵包六種，有甜的紅豆餡料，也有酸味果醬，風味樸實無華卻深受喜愛。

Maruki製麵包所風格的紅豆餡

紅豆麵包

使用十勝生產的紅豆，在廚房中炊煮自製的紅豆粒餡。可以要求加入奶油或奶油霜，進行客製化。食材選用：自製紅豆粒餡。

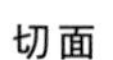

切面

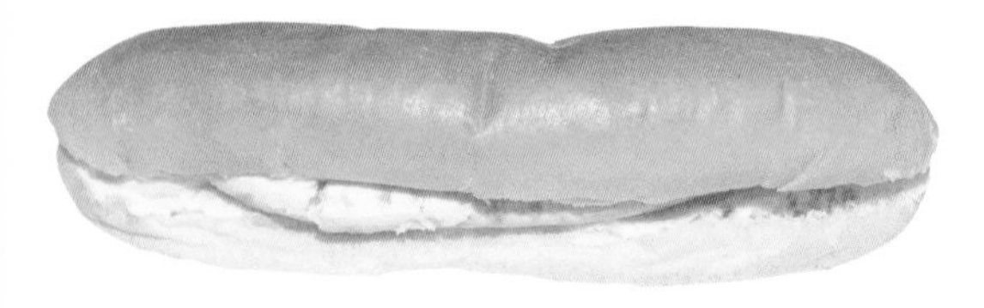

顆粒口感的祕密是…

牛奶杏仁麵包

拌入杏仁顆粒的牛奶克林姆。絕對是繼花生奶油之後，抓住下一個世代孩子的心的新口味三明治。食材選用：加入杏仁的牛奶克林姆。

切面

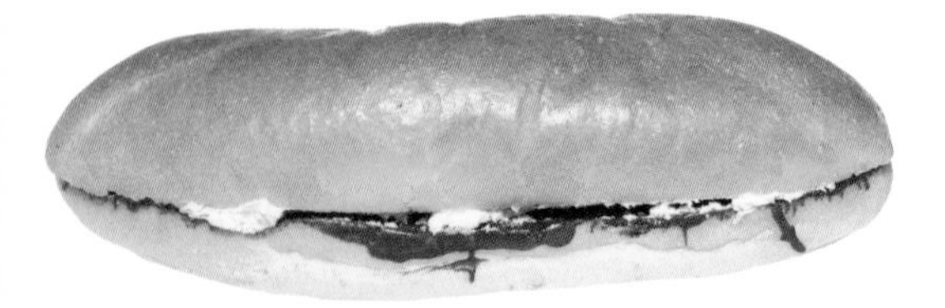

甜麵包的標準

巧克力麵包

加入奶油霜的牛奶巧克力，這樣的組合完全呈現了懷舊的昭和時代甜麵包風味。食材選用：奶油霜、牛奶巧克力。

切面

自製克林姆非常順口

克林姆麵包

不是卡士達醬，也不是煉乳。是用牛奶、砂糖、奶油、玉米澱粉煮出的自製牛奶克林姆，有著令人懷念的味道。食材選用：自製牛奶克林姆。

切面

古早懷念的甜味，大家都喜歡

花生奶油麵包

「這只要擠上去就好了。」話是這麼說，但從以前就是人氣的長賣商品。如果你是螞蟻人，可以再加果醬，應該會很好吃。食材選用：花生奶油。

切面

果醬王者，在此降臨

果醬麵包

餡料只有果醬，也可另外搭配奶油。不過，麵包表面為了增添光澤與香味已經抹上一層奶油，就這樣簡單食用也不錯。食材選用：草莓果醬。

切面

【鹹麵包類Bread】 以下是店中的八種傳統風味長形麵包！

切面

商店街配菜的主角

可樂餅餐包

加入豬牛絞肉、炸得香酥可口的馬鈴薯可樂餅，搭配大量的高麗菜絲。付帳走出店裡馬上就想吃。食材選用：可樂餅、高麗菜。

切面

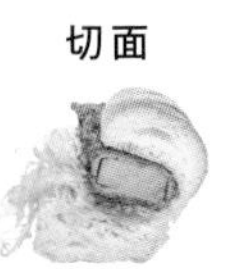

懷念的招牌商品，炸火腿排

豬排餐包

說是份量十足的炸豬排，但其實這是炸火腿排。採用人氣麵包店專用、「大山火腿」的無骨火腿製作。食材選用：炸火腿排、高麗菜。

切面

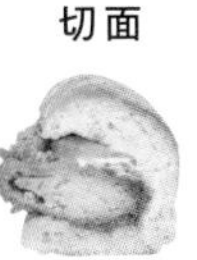

不可以忘記的招牌商品

魚排漢堡

漢堡店的人氣食材也用長形麵包夾起來。份量十足的炸白肉魚，淋上濃稠的塔塔醬。食材選用：炸白肉魚、塔塔醬。

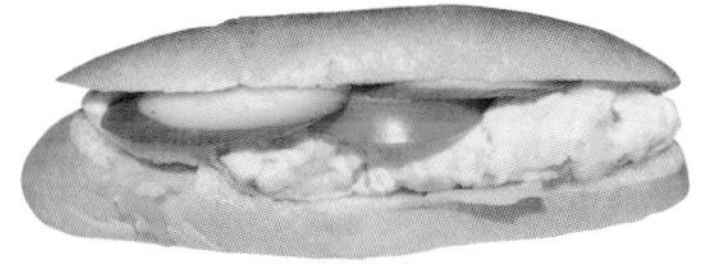

切面

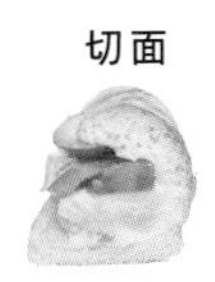

大家都喜歡的招牌沙拉

沙拉餐包

柔順的美乃滋風味，熱呼呼的馬鈴薯沙拉，夾好夾滿。男女老幼都喜歡馬鈴薯沙拉，是配菜類永遠的招牌。食材選用：番茄、小黃瓜、萵苣和馬鈴薯沙拉。

切面

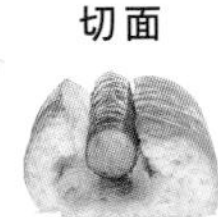

Maruki製麵包所風格的熱狗

香腸熱狗餐包

「非常普通，沒什麼特別的香腸。」木元這麼說，但卻是招牌人氣商品。烤得香脆，搭配咖哩風味的高麗菜。食材選用：香腸、高麗菜。

切面

Q彈的蝦子在跳舞！

Q彈炸蝦餐包

因為口感Q彈，所以稱為Q彈炸蝦。小蝦子裹粉油炸之後，變成有點豪華的炸蝦排，搭配塔塔醬與檸檬，呈現清爽口感。食材選用：炸蝦排、檸檬、塔塔醬。

切面

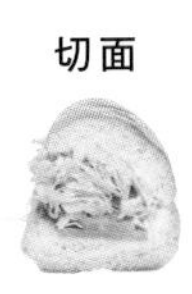

最受歡迎的元祖長形麵包！

火腿餐包

只有火腿、高麗菜絲、美乃滋的簡單三明治。火腿柔和的鹹味與些微的甜味，搭配大量的高麗菜絲，充滿魅力。食材選用：火腿、高麗菜、美乃滋。

切面

蓬鬆的長形麵包和煎蛋捲的組合

煎蛋捲餐包

煎蛋捲和大量的高麗菜絲夾在麵包裡，變成單手就可以拿著吃的簡便午餐。使用番茄醬調味。食材選用：煎蛋捲、高麗菜、番茄醬。

90種麵包全部都是特色麵包！

文字：清水美穗子
攝影：Mariko Taya

口感風味持續的進化玉木亭

位於京都府宇治市，京阪線黃檗車站附近。在京都大學宇治校區對面大排長龍、人潮絡繹不絕的麵包店，就是玉木亭。2015 年 7 月重新開幕，來客數繼續不斷增加，現在就來一探玉木亭人氣的祕密。

做成和緩曲線形狀的展示架，陳列著甜的、辣的、獨創的、爽口的麵包，呈現各式各樣的風味。

不管是哪種麵包，全都是花費心思製作的特色麵包。

「玉木亭」的來客數，平日大約六百人，到了假日大約有近八百人。住在這附近的人是當然常客，但大部分的人都是從遙遠的地方專程跑來這裡買麵包。麵包大概有九十種左右。從半夜一點就開始工作的廚房，一定會看到老闆玉木潤的身影。就這樣工作到中午十點，烤焙出不同種類的麵團，然後玉木與九位師傅便會根據不同麵包的需求開始整型。他們默默工作整型烘焙的景象，從賣場便可以透過玻璃看到。

「蛋糕店只能買蛋糕，但麵包店則是爽口的、甜的、辣的，不管什麼口味，想買多少就有多少。」玉木這麼說。可說是麵包自助餐廳的概念。男女老幼，不同年齡層與嗜好的人，都喜歡來店裡排隊挑選。店裡的麵包雖然多，但不管是哪種麵包，全都是花費心思製作的特色麵包，只有這裡才品嘗得到的風味與口感，是玉木亭獨有的魅力。針對味道的調和與口感會經常改良，不斷進化。從麵粉等材料的搭配，到混合揉麵、發酵的溫度與時間，全部都根據口味計算調整，只有專家才能日日夜夜在廚房裡進行這麼細緻的工作。

1 碎仙貝。2 拌入奶油與黑糖，煮成焦糖的蘋果。3 米香。4 焙茶粉。以上是會揉入麵團或撒在外層的各種材料。
5 從麵包賣場可以看到寬廣明亮的廚房。一邊挑選展示架上的麵包，一邊欣賞師傅忙碌的工作姿態。

Data
玉木亭
地址：京都府宇治市五庄平野57-14
電話：0774-38-1801
營業時間：7:00-19:00
（麵包賣完便結束營業）
公休：週一、週二

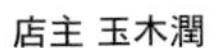

店主 玉木潤

玉木亭的老闆兼主廚。曾經任職京都世紀飯店、Monsieur F、DONQ京都。1996年代表日本參加世界盃麵包大賽（La Coupe du Monde de la Pâtisserie）。2001年，開設玉木亭。

在一天天中進化的獨創麵包

獨創麵包的發想，是從類似「柚子胡椒應該會跟起司或蔥很搭配吧！」這樣的念頭開始，一一去調整味道與口感的平衡。舉例來說，「蔥與高達起司麵包，使用柚子胡椒奶油提味」這款麵包，最初蔥的比例過高，後來才慢慢調整降低。玉木每天在準備工作結束後，會把麵包當成午餐試吃，做細部調整，以提高完成度。每天都要注意到所有的麵包。像法式長棍這種簡單的麵包，看起來沒有什麼改變，但其實在一天天中進化。

玉木曾經在1996年代表日本參加巴黎的世界盃麵包大賽，進行法式長棍麵包烘焙的比賽。「法式麵包果然很有趣。每天廚房裡的景象不是看起來都一樣嗎？但是我一點都不覺得膩，因為不斷思考這個味道應該要多一點還是少一點，像個狂熱份子一樣忙個不停。」玉木這麼說。據說目前正在研究如何提升麵包外皮的品質。法式長棍麵包需要花兩天進行長時間低溫發酵。明明只使用了麵粉、酵母、水、鹽，卻散發出非常濃厚的香氣，而且入口即化。這是手法高超的麵包師傅才能使出的魔法呀！

帶你認識玉木亭的麵包！

【最受歡迎麵包Bread】

90多種麵包中，哪些是最受歡迎的呢？

主食麵包類第一名！

十勝全麥麵包

以北海道生產「北辰」與「北香」小麥的全穀粒麵粉製成的鄉村麵包，味道層次豐富。水比麵粉多5%，屬於外皮薄脆，但內裡有嚼勁的硬麵包。

7公分

14.5公分

5.5公分

15公分

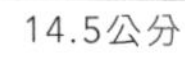

甜麵包類第一名！

克林姆可頌

把人氣的長賣商品「可頌玉木亭」當成泡芙，大量夾入自製卡士達醬與鮮奶油做成三明治，是一款很有嚼勁的甜麵包。

鹹麵包類第一名！

高麗菜麵包

使用提升食欲的蝸牛奶油（帶有洋香菜與大蒜氣味的奶油）、馬鈴薯與培根塊，以阿爾薩斯的高麗菜麵包變化出的鹹口味硬麵包。

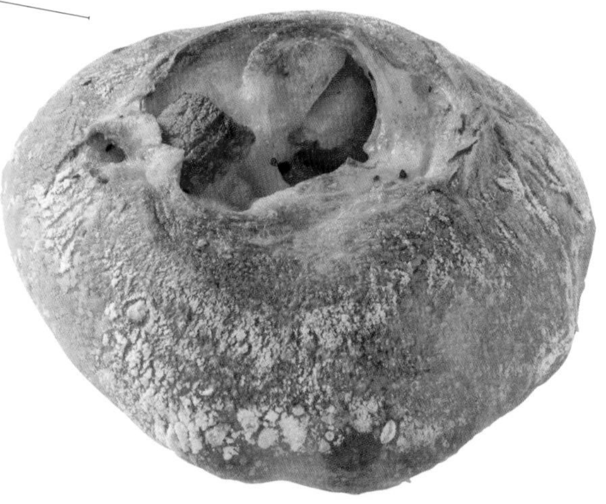

4公分

10.5公分

【主食麵包類Bread】

曾經在世界盃麵包大賽中活躍的玉木潤，最能展現本事的就屬法式麵包。極簡的風格卻又散發濃厚豐富的小麥香氣，每天早上都想吃！

美好的微酸風味

洛代夫麵包

法國洛代夫地區的田園風麵包，與鄉村麵包是兄弟。使用高灰分（存在於小麥麩皮和胚芽等部位，像鎂、鉀、鐵等礦物質。）的小麥製作，黑麥佔了10%，所以有著些微酸味與濃厚的香氣。內裡大大小小無數的美麗氣泡在口中融化。

7公分

15公分

6公分

13公分

12公分

12公分

26公分

完美小麥風味

角形吐司

使用加拿大生產小麥製作的角形吐司，完全呈現出小麥的美味，具有高級清淡的質感，蓬鬆柔軟入口即化。

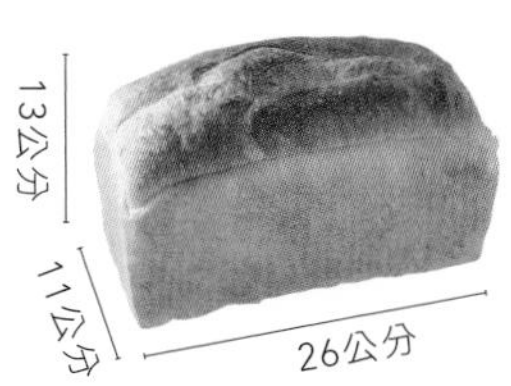

13公分

11公分

26公分

酥脆口感吃不膩

鄉村風山形吐司

使用殘留較高礦物質等灰分的石臼磨製小麥與豬油。烘烤後呈現酥脆口感。雖然很清爽卻又層次豐富，怎麼吃也吃不膩。

切片三明治適用

法式長棍麵包狂熱版

與法式長棍麵包使用同樣的麵團，但整型方式不同，整體更為纖細。切成半片製作切片麵包，或是切成薄片製作開放式三明治，都很推薦。

多層次的風味

法式長棍麵包

看起來是很簡單的麵包，但使用了四種麵粉。酵母則用了酵母粉與自製魯邦種，呈現多層次的風味。不同部位可以享受各式各樣的口感。

4公分

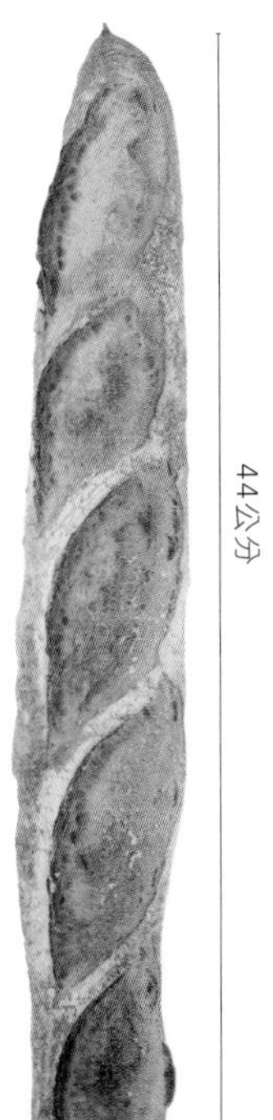

44公分

4.5公分

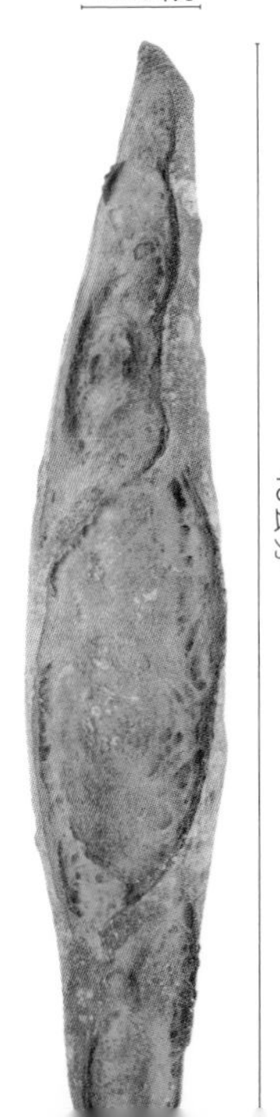

46公分

4.5公分

11.5公分

混合多種果乾的豪華主食

餐廳水果麵包

十勝全麥麵包的麵團，但水與麵粉是1:1。使用了許多水果乾與堅果（無花果、胡桃、葡萄乾）的豪華麵包。適合切成薄片，搭配紅酒與起司食用。

6公分

16.5公分

風味獨特

水果麵包

蓬鬆的曼尼托巴小麥麵團，加入黑蜜蘋果、蘭姆酒漬無花果。它的特色是表面撒上米粉，烤出酥脆的裂痕。

5.5公分

16公分

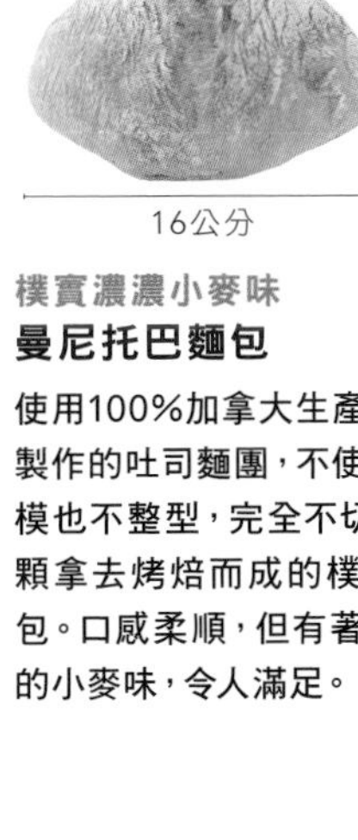

樸實濃濃小麥味

曼尼托巴麵包

使用100%加拿大生產小麥製作的吐司麵團，不使用烤模也不整型，完全不切、整顆拿去烤焙而成的樸素麵包。口感柔順，但有著濃濃的小麥味，令人滿足。

7.5公分

27公分

人氣主食麵包

鄉村麵包

烤出來很大一個，是玉木亭長賣的人氣主食麵包。顏色烤得漂亮的薄脆外皮，內裡濕潤有嚼勁，味道豐富有層次。

【甜麵包類Bread】

進到店裡第一眼看到的就是充滿魅力的各種甜麵包。這裡是獨創性豐富的甜麵包寶庫，可能一不小心就會失去理性狂買。

獨特風味

可頌玉木亭

表面使用加入大量奶油的可頌麵團，裡面包著鄉村麵包麵團烤焙而成。鬆脆濃郁的口感，多層次的風味，非常獨特。每天會製作四、五百個。

濕潤蛋糕般的口感

肉桂布里歐

使用大量阿爾薩斯地區的鮮奶油與砂糖，製作成味道濃郁的大塊布里歐，烤焙完成後切塊。有著像濕潤蛋糕般的口感。

人氣商品

烤莓果起司蛋糕

就和名稱一樣，已經不是麵包而是蛋糕了。奶油起司與檸檬，莓果的酸味與蛋奶液的甜味，味道調理平衡。丹麥麵團具有空氣感的酥脆，很有質感。從以前就是人氣商品。

口味獨特鮮明

藍莓與長崎蛋糕，加上新鮮起司

加入藍莓乾的長崎蛋糕包在麵包裡，非常具有個性。另外還搭配丹麥生產的新鮮起司。雖然是第一次吃，卻感覺很懷念。

焙茶的獨特風味

宇治橋路

麵團與鮮奶油都加入大量宇治老店「中村藤吉」的焙茶，底層的紅豆粒餡也是。焙茶的獨特風味令人感到放鬆，口味濃厚。

大人的麵包

調溫巧克力、無花果與葡萄乾麵包

裡面包著蘭姆葡萄乾、無花果，還有濃厚的調溫巧克力。是散發著蘭姆酒香，適合大人的巧克力麵包。搭配紅酒也很棒。

酥脆口感

奶油酥捲

使用玉木亭特色麵包「法式焦糖奶油酥」的麵團。像玻璃一樣的酥脆口感，吃起來很開心。點餐之後才會擠入卡士達醬。一個家庭限定購買三條。

食材變化豐富

香蕉法式焦糖奶油酥

法國布列塔尼地區的傳統甜點麵團，加入法國麵包的元素，配料使用香蕉片。也可以改用蘋果等水果，變化豐富，可以盡情嘗試。

人氣三明治

日本栗子麵包

簡單的法式麵包，充滿奶香、入口即化的煉乳奶油糖霜，搭配粗略壓碎的日本栗子泥，調製成平衡的比例，完成人氣三明治。

【鹹麵包類Bread】

第一口感覺酥脆，然後奶油的汁液或是培根的嚼勁，讓感官整個興奮起來。趁熱一口接著一口，絕對是吃了還想再吃的鹹麵包，一共挑選了四種來介紹。

絕妙的口感

蔥與高達起司麵包，以柚子胡椒奶油提味

麻辣成熟風味的柚子胡椒與長蔥以及起司的組合。外層撒上脆脆的碎仙貝，呈現絕妙的口感。

切面

5.5公分

11公分

香味濃郁

硬奶油麵包

形狀是法國麵包中，模仿香菸盒造型的菸盒麵包。玉木亭的菸盒麵包，特色就是加了很多奶油，味道很香。真想趁熱享用。

切面

簡單鹹麵包

多汁馬鈴薯麵包

蓬鬆柔軟的吐司麵團，裡面包了馬鈴薯與奶油的簡單鹹麵包。埃德姆起司搭配日式調味料，加上醬油一起烤焙，是玉木亭獨有的風味。

切面

法式麵包也每天在進化

切面

明太子與奶油的絕佳組合

博多麵包

棒狀的麵包中間夾了博多「福屋」的明太子與奶油，製作成明太子奶油麵包。此外，撒了米香的酥脆口感是重點。

自製酵母產生的美味，咬一口馬上就會愛上麵包。

天然酵母麵包控必嘗On the Dish

文字：Discover Japan 編輯部
攝影：野口祐一

原本從事皮革商品銷售的佐藤遇到了感動人心的麵包，因而開設一家麵包店。她使用「天然酵母」製作，期盼能製作出各年齡階層都喜愛的麵包。

與麵包
一起慢活

1 棉花吐司（cotton）加上日本生產的起司去烘烤，搭配橄欖油。起司與橄欖油更突顯了棉花吐司的美味。2 店內的販賣空間。3 人氣商品「棉花吐司」。

曾經吃過一次便忘不了，存在記憶中的味道。

曾經吃過一次便忘不了，存在記憶中的味道。「On the Dish」就是提供這樣的麵包。還想繼續吃，實在忘不了。與這些話一同留在記憶中的麵包，從出生到現在，究竟能夠有多少呢？

店內流洩著溫柔的光線與安穩的氣氛，在這樣的地方就存在著這樣的麵包。

「我自己本來沒有那麼喜歡麵包。奶油、雞蛋實在太香太甜，有時候會覺得讓我發暈。從小我就比較喜歡米飯而不是麵包。」店主佐藤彩香這麼說。

佐藤原本從事銷售義大利工匠製作的皮革商品，生活在與麵包製作無緣的世界。會轉行麵包製作，是因為當時的嗜好，下坡單車競技的關係。有一次在老師家練習結束後，疲憊的佐藤面前出現一個加入香草的手作麵包。一口咬下所受的感動，到現在還忘不了。「回想起來，也許是因為疲憊，或者因為美麗的景色，所以感覺吃到的麵包更加美味，但不論如何，那是我第一次被麵包感動的瞬間。」

使用「天然酵母」製作的麵包

佐藤原本從事的就是與手作相關的工作，自己也希望將來可以成為一個創作人。而這個創作就是「麵包」。她首先考慮的是使用「天然酵母」製作的麵包。雖然知道對身體的好處，但強烈的酸味與堅硬的口感，實在不太能接受。為了打破這樣的印象，於是開始自行製作酵母。最後完成的是用椰棗培育出的兩種精選酵母，能製作出大家都覺得好吃的理想味道。她每天都認真仔細地照顧重要的麵種，這就是佐藤的麵包好吃的原因之一。此外，原料也使用日本生產的小麥等，以有機食材為主，自己認同嚴選的產品。「麵包似乎是女性比較喜歡，但我想做出不管是老伯伯還是小朋友，都能吃得津津有味的麵包，而且不會對身體造成負擔。所以，並不是要讓人先想到這是有機或者天然酵母，而是希望大家覺得：『這麵包好好吃喔!啊，是天然酵母做的啊！』然後，如果不太能接受麵包的人，也能像我一樣開始吃麵包，那就更好了。」

小孩子也好，大人也好，不分男女都會覺得好吃，佐藤會有這樣的期盼，應該就是因為留在記憶中那個忘也忘不掉的麵包吧！

Data

ON THE DISH

地址：神奈川縣橫濱市中區仲尾台40
電話：045-622-1107
營業時間：12:00-15:00
（常有變動，需確認）
公休：週日至週四
網站：on-the-dish.com

店主 佐藤彩香

原本從事銷售義大利工匠皮革製品。因為遇到了感動人心的麵包，透過麵包製作課程的學習與麵包店的工作經驗，六年前終於開了一家自己的麵包店。

帶你認識ON THE DISH的麵包！

【麵包類Bread】

從JP（日本國有鐵路公司）根岸線的山手站慢慢走個十分鐘，就可以看到默默開在住宅區的這家店，究竟會製作出怎樣的麵包呢？

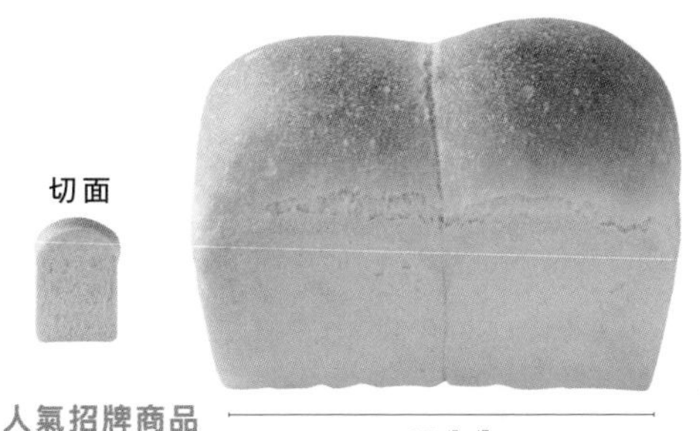

人氣招牌商品

棉花吐司

本店的招牌吐司。從沒有吃過的口感，非常有嚼勁，因為使用了自製的椰棗酵母，建議烘烤後食用。

鮮甜清爽

兩種葡萄乾吐司

在招牌的棉花吐司中加入兩種不同的葡萄乾烤焙而成。麵包加上葡萄乾爽口的甘甜，更顯美味。

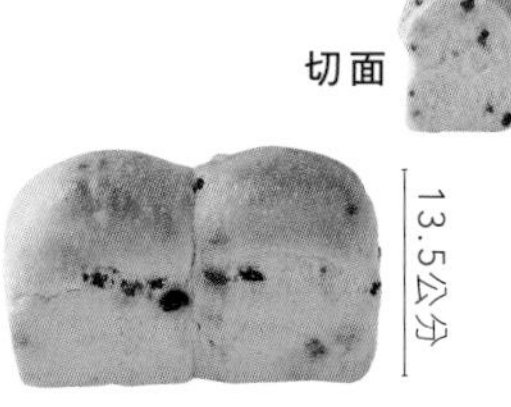

獨特的香與甜

黑糖胡桃鄉村麵包

黑糖的甜味與胡桃的香味呈現絕妙的搭配。直接吃當然可以，不過烘烤後塗上奶油，更會發現一個新的世界。

簡單樸實

斯佩爾特鄉村麵包

滋賀縣生產，稀少的古代小麥（斯佩爾特小麥），以石臼磨製而成。雖然是很簡單的麵包，但香味卻非常吸引人。

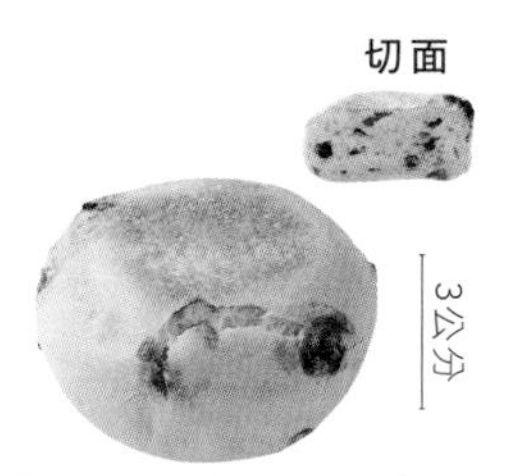

下午茶點心

莓果馬芬

在午餐馬芬的麵團中添加蜂蜜，帶著些許甜味。有機莓果的酸味引發食欲。大人和小孩都可以拿來當午後三點的下午茶點心。

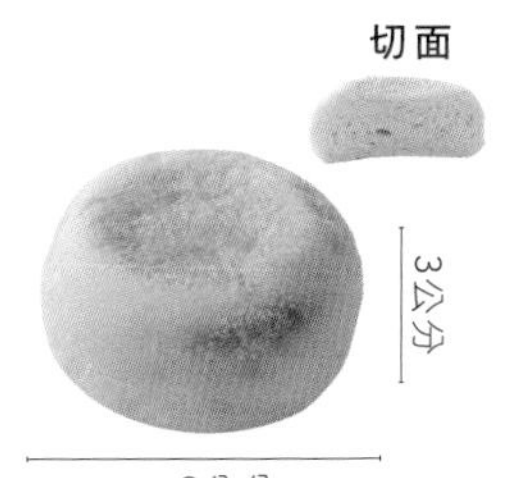

簡單的小品

午餐馬芬

味道樸素簡單的馬芬。用小火烘焙，因此非常有嚼勁。第一次吃到的人都會對這樣的口感深感訝異。

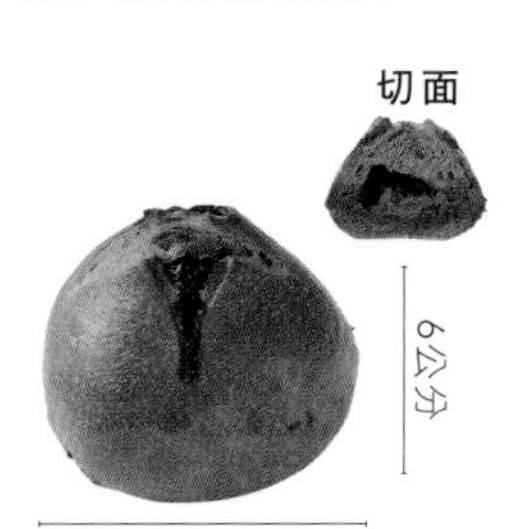

成熟大人風味

巧克力櫻桃麵包

滿滿的有機巧克力與櫻桃，呈現大人成熟的味道。烘烤後巧克力融化了，口味仍不變。建議搭配咖啡或紅酒。

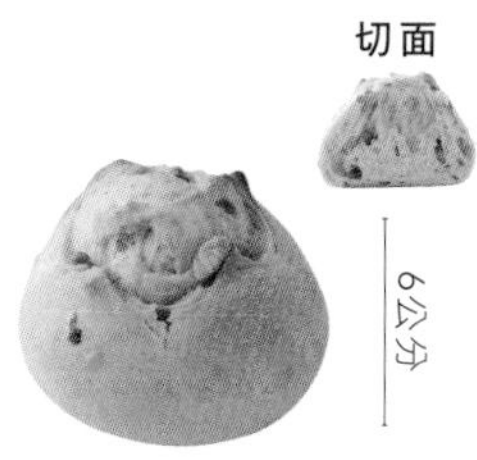

豐郁的甘甜

栗子麵包

麵團加入沖繩黑糖，每一口都能吃到義大利的糖漬栗子塊，享受豐郁的甘甜。口感蓬鬆又有嚼勁。

磚窯烘焙的手作吐司

手工風味的堅持糠醛堂

位於神戶的文教區岡本，營業超過八十年，一家隨和友善、規模雖小卻很偉大的麵包店。就讓我們來探究這家店的歷史吧！

文字：本庄彩
攝影：岡本桂樹

吐司
烤製成深色的表面，口感酥脆，香氣十足。內裡的氣泡細緻，蓬鬆輕柔的口感，帶有淡淡的鹹味。

棕色外皮的吐司，建議放置一個晚上，會比剛出爐便食用口感更佳。

1944年時機終於成熟之時，引進了單層的磚窯。

下午一點的「糠醛堂」，看著發酵完成後從發酵箱取出的吐司麵團，店主竹內善之喃喃地說：「好，開始吧！」乾淨俐落地將模型一個個放進烤爐裡。全部完成後，竹內才稍微露出鬆一口氣的表情。

「糠醛堂」於昭和七年（西元1932年）開幕。竹內的父親是第一代老闆，當時在「Freundlieb」，也就是將德國麵包引進日本的神戶名店工作。所以糠醛堂等於是以分店的形式展開第一步。在當時的日本，麵包還不普及，不過在許多外國人與上班族居住的岡本地區，正統的麵包與蛋糕很快就獲得了評價。過了大概十多年，在昭和十九年（西元1944年），時機終於成熟之時，引進了單層的磚窯。點火燒柴之後，窯內溫度可達攝氏三百度，使用餘熱便可將麵包烘焙完成。從內部加熱的關係，麵團多餘的水分會因此蒸發，變得驚人地輕柔。小麥的香氣與美味因而被突顯出來，也不容易變得乾癟，或是很快失去風味。現在這個磚窯仍持續運作，度過了戰爭與地震，以堂堂的姿態屹立不搖。

1 廚房裡擺著上一代老闆的照片。「還是要看顧一下我們的工作。」2 從監視窗仔細確認烘焙狀況的竹內。 3 展示架上的吐司賣得飛快。預約從當天早上九點開始。 4 樸素的店商標是竹內在約三十年前用文字處理機製作。 5 麵包出爐陳列在店面，大概才一分鐘。原本架上滿滿的吐司，飛快地一一賣出。

Data
糠醛堂
地址：兵庫縣神戶市東灘區岡本1-11-23
電話：078-411-6686
營業時間：8:00-19:00
公休：週日、假日
＊吐司不提供宅配

不想藉由機器幫忙來完成，完全以手工攪拌揉製。

但是在時代變化當中，也發生了其他的困難，那就是很難買到做為燃料的優質木柴。不得已之下，只好在七年前將烤窯換成瓦斯式。「一開始把燃料換掉的時候，根本擔心得睡不著覺。大概花了兩年的時間才掌握瓦斯使用的特性，烤出自己覺得合格的麵包。」竹內回想著。使用木柴做為燃料，只要把火調整成接觸到烤爐的拱頂，就能確保裡面的溫度均勻。但瓦斯式是採用熱空氣對流的方式，總是會產生微妙的溫差。為了改善這樣的情況，必須在烤至一半時對調麵包的前後位置。確實而繁複的手續，都是為了烤焙出均勻美麗的麵包。

同樣真摯的態度，也表現在麵團的處理上。光是麵粉就三十五公斤，加上其他材料便重達五十公斤的麵團，完全不靠攪拌機，而是手工攪拌揉製。「一邊揉一邊對麵團說，要變厲害喔！就會製造出跟一般完全不同的麵團，非常不可思議。」竹內微笑著說。不想藉由機器幫忙來完成，每一句話都包含了麵包師傅的自尊。

現在已經聞名全日本，受過無數的外賣與活動邀請，每天都接到希望能配送至外地的詢問。但老闆全部都拒絕了，理由很簡單：「我還是一定要親手把麵包交給客人。」

「麵包出生的聲音」從烤窯傳到店面

伴隨著濃郁的香氣，打開烤爐把吐司拿出來，脫模後在吐司山形的表面塗上奶油，發出啪啪的好聽聲響。「這個聲音就是烤得很好吃的證明。」竹內瞇起眼睛說。「是麵包出生的聲音。」剛剛出生的麵包馬上就在店裡上架。知道出爐時間的客人等不及一一結帳，開心地把麵包抱回家。其中也有橫跨了四代的忠實顧客。真的就是親手交付，保持著麵包店初心的經營方式。

具有將近半世紀麵包製作經驗的竹內，現在這麼說：「滿分一百分的麵包究竟是什麼樣子，現在我也還不知道。但我每天都抱著像是素人一樣全新的態度在製作麵包。」麵包也和他的個性一樣，展現非常真誠而美麗的味道。

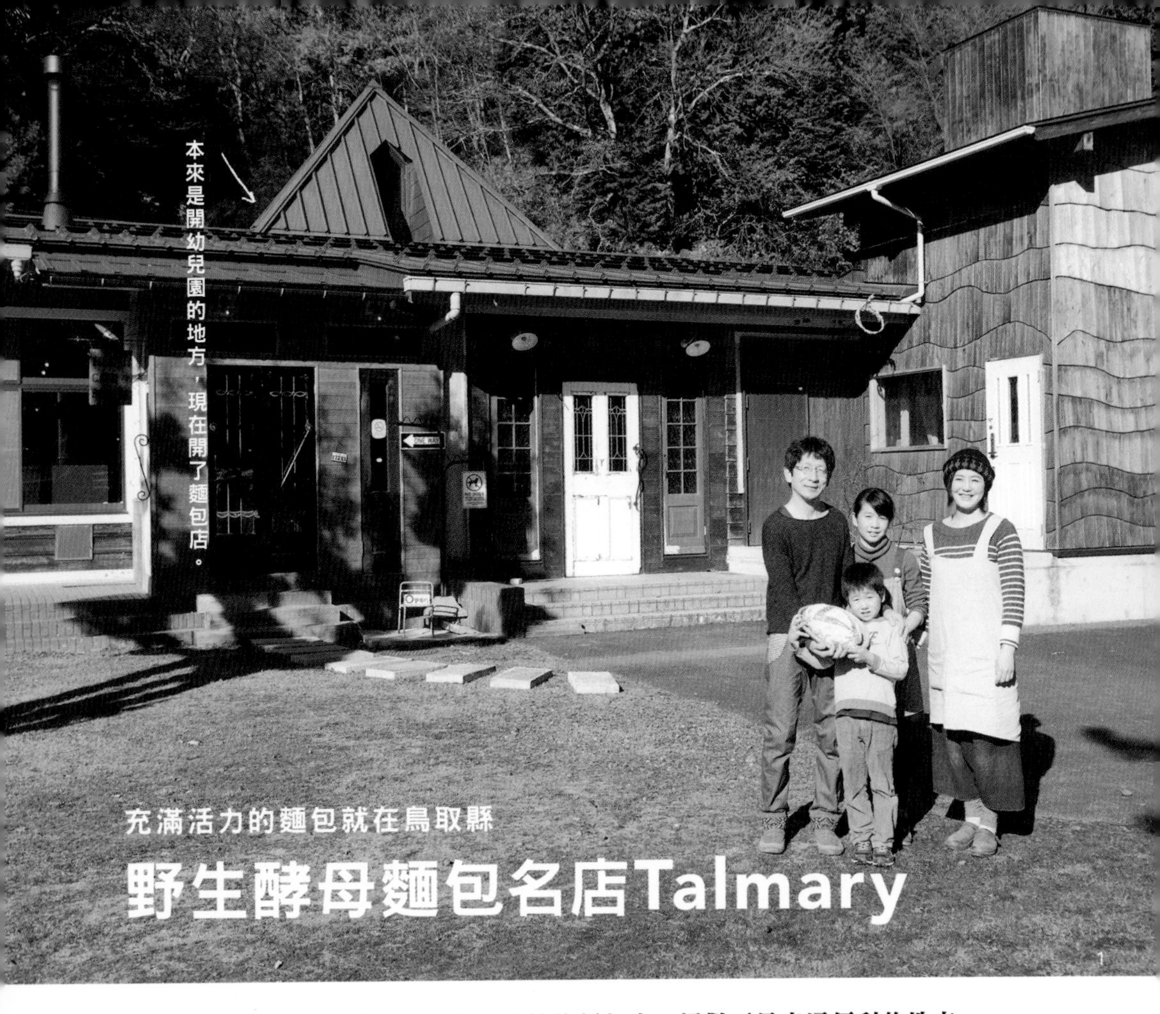

本來是開幼兒園的地方，現在開了麵包店。

1

充滿活力的麵包就在鳥取縣

野生酵母麵包名店Talmary

位於鳥取縣與岡山縣的邊界，深山小鎮的麵包店。絕對不是交通便利的地方，但人們從世界各地前來拜訪。接下來，我們要介紹這家店魅力的祕密！

文字：Discover Japan 編輯部
攝影：若原瑞昌

以使用當地食材、進行當地消費為目標。

蓬勃朝氣、能量滿溢的麵包，這是吃了「Talmary」的麵包後產生的感想。第一眼會覺得應該是密度很高的麵包，但裡面有適度的空氣感，也不會太過厚重，仔細咀嚼之後，香甜美味會在口中慢慢擴散。就算過了好幾天，還是能感覺到麵包的餘韻。

Talmary位於鳥取縣八頭郡智頭町。這是個以生產智頭杉這種優質木材聞名的小鎮。負責製作麵包的是渡邊格，以及太太麻里子。原本是在千葉縣開店，然後搬到岡山縣。2015年6月，全家搬到了智頭町。自己動手改造因為人口外移所以廢棄了的幼兒園，除了麵包店外，也設有咖啡店和製造精釀啤酒的釀造所。以使用當地食材、進行當地消費為目標，咖啡店提供的食材盡量都使用當地的農產品。其實從岡山縣搬到這裡來以後，製作麵包的方法也整個都不一樣了。

1 渡邊格、太太麻里子、女兒茂子、兒子小光，四人家族。2 牆上掛著的是 Talmary 規劃的當地循環系統圖。3 Q 彈水潤的胡桃麵團。 4 工作人員境先生也是外地搬來的移住者，夢想是希望擁有自己的店。5 設有啤酒釀造所。6 從農家直接進貨的當地蔬菜。

野生酵母很花時間，但這也是最有趣的地方。

「在岡山縣的時候，製作的麵包非常扎實，帶有酸味。藉著搬家的機會，希望能開發出更適合當地人口味的麵包，首先就是以降低酸味、更柔軟蓬鬆為目標來努力。」

麵團的製作固定在每週一和四進行，需要4～6天低溫發酵。發酵完成後才能製作麵包，所以麵包的販售是每週五、六、日。麵團製作使用的材料是當地收成的五種自製酵母、日本產小麥、那岐山的地下水、鹽。不使用人工純粹培養菌、奶油、雞蛋、砂糖。雖然材料簡單，但根據酵母的組成與製作方式不同，呈現出各式各樣的味道與口感。「其實還滿常失敗的。」渡邊格一邊幫麵團整型，一邊笑著說。野生酵母的控制非常不易。混合的增減、發酵的狀態等，必須持續觀察麵團的狀況，是很花時間的製作方式。

「重要的是隨時去解讀酵母的狀態，酵母會敏銳地反應製作時的情況。如果我們的身心沒有準備好，那麼製作就不會順利。野生酵母很花時間，但這也是最有趣的地方。」

因為新的製作方式已經上軌道了，所以現在可以回應老顧客的需求，重新開始製作黑麥麵包這類具有酸味的麵包了。

與酵母菌對話而產生的麵包

只要是豐富、沒有受到破壞的自然環境，就可以採到好的菌種。

Talmary的麵包製作過程中，酵母扮演了非常重要的角色。酵母的製作是從採取野生菌種開始，尤其可以製作成酒種的麴菌，是非常細緻的菌種。

「以前會覺得，如果不是古代民家的話，應該沒辦法採取麴菌。但是搬到這裡以後，才知道只要是豐富、沒有受到破壞的自然環境，就可以採到好的菌種。」

為了製作高品質的麵包，渡邊格除了注重周遭自然的豐富性，也使用生命力強的食材，提升製作時的身心狀態，維持好的工作環境。使用日本生產的小麥，同時盡量使用自然栽培的食材。另外，還遊説智頭町的其他居民，所以現在挑戰自然栽培的夥伴逐漸增加中。因為Talmary的存在，讓整個地區都動了起來。能夠培養活力充沛地區的菌，與能夠活化地區活動的麵包，這種正向循環的發展很是令人開心。

然後Talmary採用完全週休二日制，每年能夠累積一個月左右的時間休息。渡邊格著有《真食物革命：一個用良心對抗資本主義的麵包師傅，一場與天然酵母對決的尋味之旅。》，這本書的內容是在探索今後可能產生的工作方式，在台灣也有出版。

強調製作麵包時身心狀態的哲學，包含上述所有一切的環境力量才製作出的Talmary麵包，希望大家能夠親身走一趟，實際體驗其中的魅力。

孕育Talmary麵包的自製酵母

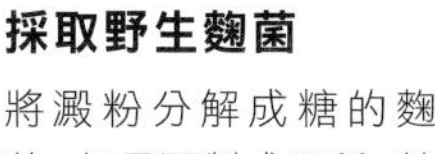

採取野生麴菌

將澱粉分解成糖的麴菌。如果要製成酒種，就在竹製容器中放入蒸好的自然栽培的米，等待麴菌的生成。從這裡採取繁殖後的麴菌，製成可以使用的酵母。

葡萄乾酵母

有機葡萄乾加水培養出的酵母。發酵力很強，味道比較淡。發酵能力與酵母粉類似。

啤酒酵母

具有強力促進糖化的作用，可以帶動其他酵母活動，扮演提振活性化的角色。如果沒有這種酵母，就很難進行長時間發酵。

酒種

麴菌與蒸米製作出的米麴，加上米與水產生的酵母菌所發酵出的菩提酒種，再混合冷掉的米飯後糖化。可以製作出濕潤甘甜的麵包。

白酒沙瓦

自然栽培的小麥自製成的麵粉，加上鹽、水培養出野生酵母。能夠做出柔軟帶有酸味的麵包。和魯邦種一樣不易發酵，很難處理。

全穀粉酵母（魯邦種）

自然栽培的小麥自製成的全穀粒麵粉，加上小麥麵粉、鹽、水進行培養，具有獨特的酸味，不易發酵，但是個充滿魅力的頑皮孩子。

Talmary麵包的製作過程

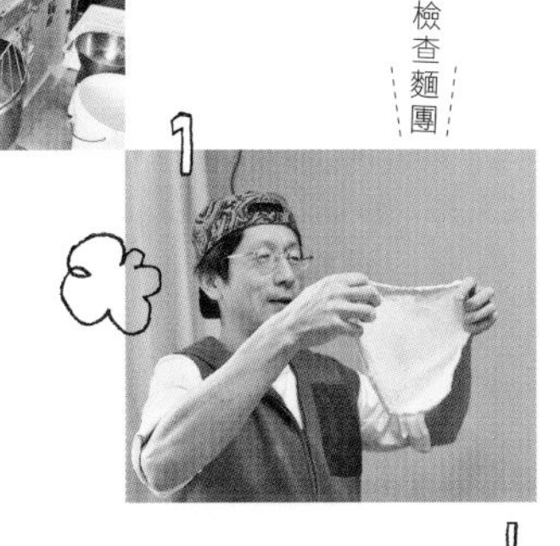

麵團的製作

酵母與麵粉、水、鹽混合，隨時檢查麵團的延展度。重點是要解讀酵母的狀態，以決定揉麵的程度。這次看起來是「今天應該會成功！」的笑容。

分割・整型・發酵

根據使用酵母種類的不同，經過4～6天的一次發酵。發酵完成後，開始分割整型，再進行二次發酵。配合烘焙的時機，會改變發酵器放置的場所，來控制發酵狀況。

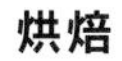

烘焙

外層撒上麵粉，刻痕之後進入烤箱。刻痕使用的是當地「大塚刃物鍛冶」生產的刀子。刀鋒銳利，所以即使是水分含量高的麵團，也可以製造出漂亮的痕跡。

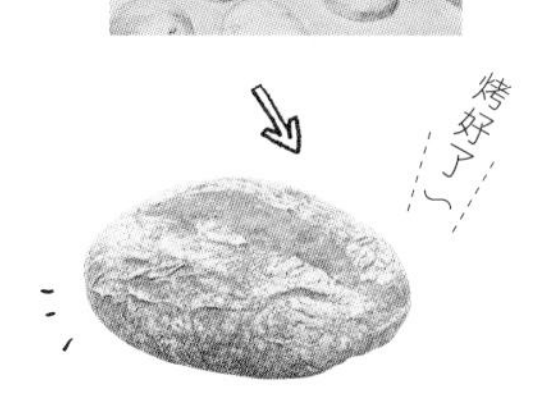

某天出爐的Talmary麵包介紹

具有嚼勁，味道因為葡萄乾而更顯豐富的麵包

葡萄乾麵包

切面

揉麵時加入葡萄乾的還原汁液，麵團整體都散發出葡萄乾的風味。使用啤酒與葡萄乾酵母。

長18×寬8.5×高8公分／294克

加入全穀粒的麵包

吐司

切面

使用啤酒與葡萄乾酵母。除了麵粉之外，還使用了自製的全穀粒麵粉，所以呈現咖啡色。口感有嚼勁，味道也有深度。

長12×寬12×高12公分／430克

起司與麵包的融合

起司馬芬

切面

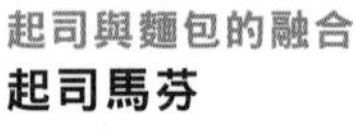

使用酒種與啤酒酵母，加入高達起司的馬芬。濕潤鬆軟的麵團搭配具有存在感的起司。

直徑11×高6公分／119克

滿滿的胡桃，香氣四溢的麵團

胡桃麵包

切面

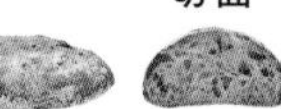

使用啤酒、葡萄乾、魯邦種酵母。在Talmary的麵包中，是偏硬且帶有酸味的種類。

長19×寬12×高6公分／258克

Talmary的麵包現在共有十六種。這裡要介紹當天出爐的所有麵包。之後預定種類還會增加。

麵團也散發濃厚的無花果風味

黑無花果×腰果麵包

加入煮熟的有機無花果。麵團也揉入煮汁，味道非常濃厚。腰果口感極佳。使用啤酒與葡萄乾酵母。

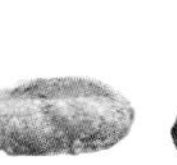

切面

長19×寬12×高6公分／251克

帶有酸味，很有層次的麵包

胡桃與葡萄乾麵包

麵包加入了吃起來很開心的胡桃與多汁的葡萄乾。使用魯邦種、葡萄乾、啤酒酵母，酸味比較明顯。

切面

長19×寬12×高6公分／264克

秤重販賣的麵包，想要多少買多少

小麥與啤酒酵母鄉村麵包

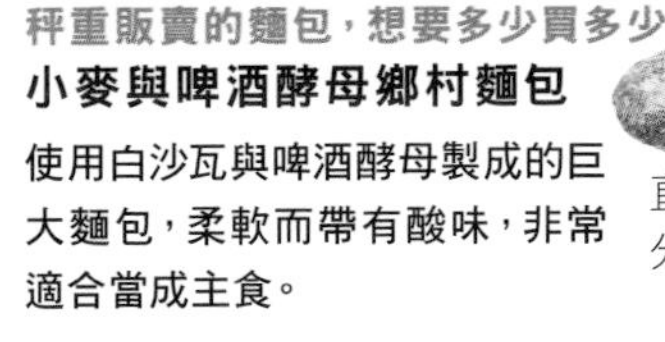

使用白沙瓦與啤酒酵母製成的巨大麵包，柔軟而帶有酸味，非常適合當成主食。

切面

直徑27×高10公分／850克

孜然的香味是重點

孜然與高達起司麵包

麵團使用啤酒與葡萄乾酵母，用高達起司包起來烤焙而成。有嚼勁的麵團散發濃濃的孜然香。

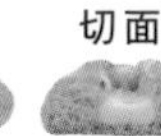

切面

長15×寬9×高4.5公分／109克

清爽溫柔的口味

橙皮與白巧克力麵包

使用啤酒與白沙瓦酵母製成的清爽柔順麵團。加入橙皮與瑞士的有機白巧克力。

長13×寬10×高5公分／113克

切面

可以夾入喜歡的食材來吃

口袋麵包

使用酒種與啤酒酵母，津山生產麵粉與大山生產全穀粒麵粉製作，濕潤有嚼勁的高密度麵包。

長15×寬9×高2.5公分／96克

切面

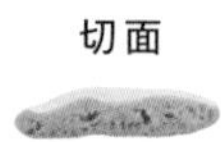

讓人感覺安心的美味

葡萄乾酵母鄉村麵包

使用葡萄乾酵母、麵粉與全穀粒麵粉製成的鬆軟麵包。沒有特別的風味，所以搭配任何食材都很適合。

長26×寬20×高7公分／540克

切面

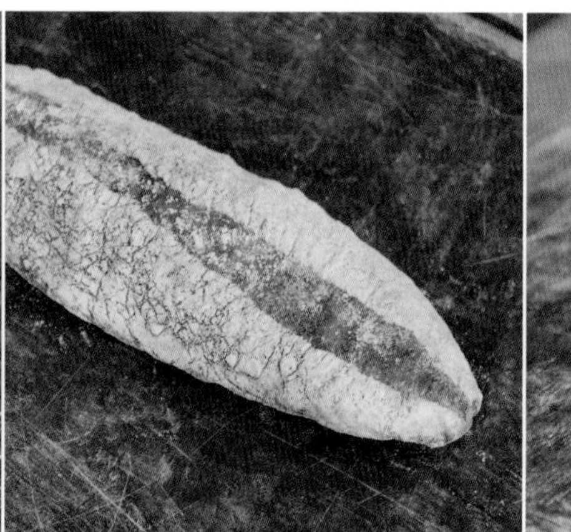

雖然個頭小，口感卻很扎實

酒種司康

只使用酒種酵母製作的品項。麵粉與全穀粒麵粉扎實地濃縮而成。淡淡的開心果香氣更增美味。

直徑4×高3.5公分／32克

切面

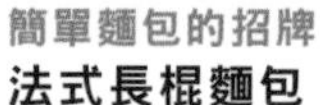

簡單麵包的招牌

法式長棍麵包

使用葡萄乾與啤酒酵母製作的法式長棍麵包。麵粉是九州與金山的麵粉。比一般的法式長棍更有嚼勁。

長34×寬10×高7公分／237克

切面

與肉類等有份量的食材非常搭配

餐包

主要使用酒種與啤酒酵母。口感蓬鬆、味道單純，很適合搭配漢堡等味道濃厚的食材。

直徑14×高5公分／79克

切面

在咖啡店內吃三明治、喝精釀啤酒！

「來到這裡就是想要吃麵包。」所以設有咖啡店，請搭配啤酒一起享用！

山豬肉漢堡，搭配自製醃漬小黃瓜

使用當地生產的山豬肉製作，辛辣多汁的傑作。

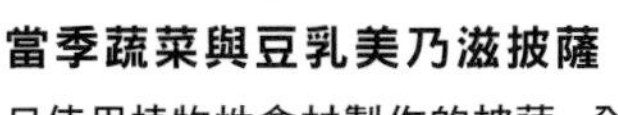

當季蔬菜與豆乳美乃滋披薩

只使用植物性食材製作的披薩，全部都是當地的季節蔬菜。

黑醋栗果醬與豆乳卡士達口袋三明治

有嚼勁的口袋麵包，夾入大量當地採收的黑醋栗製作的果醬。

精釀啤酒也很出色！

季節黑啤酒

使用島根縣反田先生種植的自然栽培大麥來煎焙釀造。口感清爽。

ABV.5.7%

皇家黑啤酒

酒精濃度較高，喝起來很有感覺的啤酒。

ABV.7.8%

特級尼爾森季節淡啤酒

柑橘與熱帶水果風味的比利時淡啤酒。

ABV.4.8%

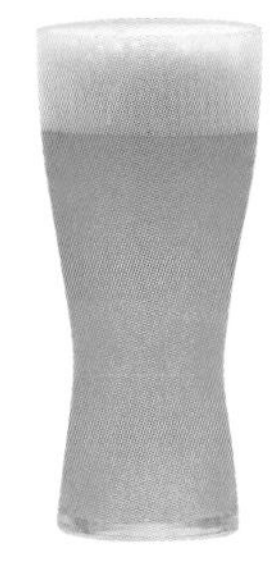

季節淡啤酒

帶著水果味又有些辛辣的口感，柑橘香氣啤酒的招牌。

ABV.4.8%

金黃洋甘菊

使用洋甘菊釀造的啤酒，帶有花朵、蜂蜜、桃子一樣的風味。

ABV.5.7%

Data

Talmary

地址：鳥取縣八頭郡智頭町大背241-1
電話：0858-71-0106
營業時間：10:00-16:00（咖啡店最後點餐）
＊麵包賣完便結束營業
公休：週二、週三、週四，週一製作麵包

歡迎來喝杯啤酒喔！

釀造長
三浦弘嗣

六十年的悠久歷史，超越時代、廣受喜愛的味道。

吐司與餐包老店Pelicàn

持續約六十年，只製作吐司與餐包兩種品項。即使時代變遷，這家店的存在就是讓人感到親切安心。Pelicàn 在不知不覺中成了一個屹立不搖的品牌。

文字：清水美穗子
攝影：野口祐一

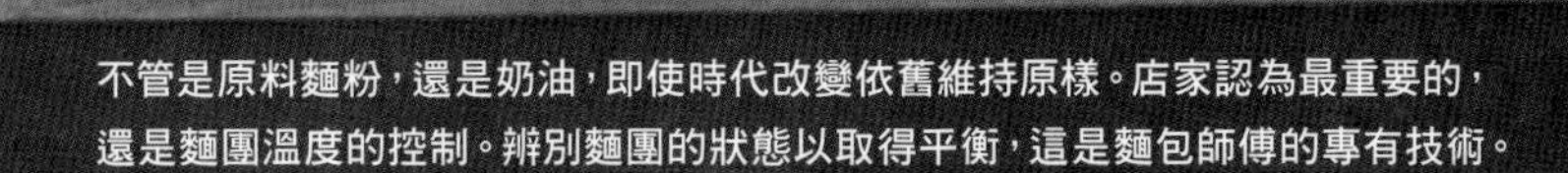

不管是原料麵粉，還是奶油，即使時代改變依舊維持原樣。店家認為最重要的，還是麵團溫度的控制。辨別麵團的狀態以取得平衡，這是麵包師傅的專有技術。

麵包種類只有兩項。持續了將近六十年的風格。

站在田原町的十字路口，往南可以看到大大寫著「Pelicàn麵包店」的招牌。與這麼大的招牌相較，底下的麵包店顯得非常小。然後，販賣的麵包種類也只有吐司與餐包兩種。如果把形狀與大小不同都算進去，全部也才十種。店面後頭是廚房，前面設有許多像是書架一樣的展示架。店員在之間往來穿梭，處理訂單或是將麵包裝袋，店內經常都是熱鬧滾滾。

在這裡買麵包的方式，是到櫃台說：「我要一條兩斤的吐司。」直接告知麵包的種類數量。這麼直來直往的交易，感覺很像買豆腐。

繼承了父親開在台東區壽四丁目的麵包店，第二代老闆渡邊多夫將店名取為「Pelicàn」，製造販賣的麵包限定吐司與餐包。從那時候開始將近六十年，到現在都還是維持著這樣的風格，就是這麼一家簡單明瞭的麵包店。第一代老闆更早還經營過咖啡輕食店，對於味道要求嚴格，所以在相當初期的時候，就把自己店裡製作的麵包，水準向上提升為重視品質的高級品，走日式咖啡店或餐廳進貨的風格。繼承店面的多夫，則是全力發展吐司與餐包，確立了Pelicàn的味道。

大家都愛Pelicàn的麵包

「我先生多夫，早上當然如此，晚上吃完晚餐後，也會喝咖啡配奶油吐司，就是喜歡麵包到這種程度。」老闆娘竹子這麼說。「吃一口就覺得很好吃！這樣是不行的。要控制味道，帶有一點懷舊的感覺，這樣比較好。也是曾經用過最高級的麵粉來試做，雖然很好，但就不是Pelicàn的味道。不是我們家的麵包。」竹子與長女馨異口同聲地說。此外，Pelicàn到現在，四十三年之間所烤出的麵包，在多夫過世後仍維持同樣味道的麵包師傅名木廣行，還有現在在店裡工作的師傅們，每天都仔細地記錄著溫度、濕度等，這些是對麵包製作非常重要的資料。將不變的風味確實傳達給下一代，就是他的任務。沒錯，他本身也是這樣從前一代繼承了這樣的味道。

太好吃的東西很容易膩。控制風味，每天吃都不會膩，這就是日常生活中不可或缺的麵包。說起來果然就和豆腐一樣啊！Pelicàn使用的麵粉原料一直沒變。還有不使用乳瑪琳，一定要用奶油這一點也沒有變。數十年以來，每天吃都吃不膩的味道，Pelicàn今天也一樣繼續維持不變。

這麼有名的麵包店，卻沒有大排長龍的原因，是一名客人會由數名店員組合團隊同時服務的關係。到現在已有四十三年的時間，第二代老闆多夫與製作主廚對Pelicàn的堅持與建立的味道，一直守護持續至今，是超越時代、廣受喜愛的味道。

負責人 渡邊竹子

二十二歲與多夫結婚，是支撐著Pelicàn的第二代老闆娘。現在則是以負責人的身分繼續守護Pelicàn。

店長 渡邊陸

多夫與竹子的孫子。2012年開始擔任Pelicàn的店長。製造與販賣都由他負責。

Data

Pelicàn

地址：東京都台東區壽4-7-4
電話：03-3841-4686
營業時間：8:00-17:00
（麵包賣完便結束營業）
公休：週日、假日

長久受到喜愛的Pelicàn吐司製造過程

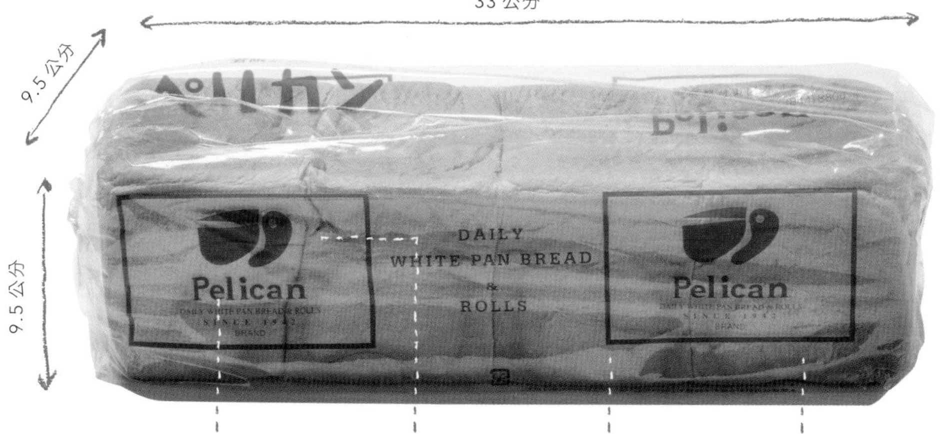

第二代老闆的朋友設計的商標

多夫的朋友是藝術大學的學生，設計了這個商標，到現在都還持續愛用著。

第二代老闆和大嘴鳥長得很像，所以取為店名。

第二代的多夫綽號叫Pelicàn，也就是大嘴鳥。所以在繼承店鋪時將店名取為Pelicàn。

每天吃也不會膩的味道

烤過之後吐司邊會變得酥脆，中間則是鬆軟口感，搭配極佳。不會過輕也不會過重，是剛剛好的美味。

維持不變的材料與配方

麵粉與奶油等材料都沒有什麼特別，但可以呈現出Pelicàn的味道。持續保持這樣不變的風味。

Pelicàn麵包的製作過程

混合、發酵

全部材料放入大型攪拌機中混合揉製。

分割

一次發酵後的麵團放入分割機中分割。生麵團以輸送帶送出來。

揉圓

用手揉圓後放入成型機（排氣與整型的機器），鬆弛之後再次排氣。

整型

處理好的生麵團放入三條一組的吐司模型中快速整型。

二次發酵

整型後的麵團放到架上送進發酵室，在發酵室中進行二次發酵。

烘焙

使用大型旋轉式烤箱一次烤好。三百斤烤好的麵包看起來十分壯觀。

裝袋

稍微放涼後，切成販賣需要的尺寸，等到變成室溫後裝袋。

一百人分食的巨大麵包！野生酵母鄉村麵包

野生酵母的魔法 National Depart

從來沒有見過這麼大的麵包。一個就重達五公斤的鄉村麵包，默默地懷抱著一份心意，「希望有一大群人能一同分享麵包、分享幸福。」接下來要介紹未曾公開過的「National Depart」麵包製作過程。

文字：Discover Japan 編輯部
攝影：原田教正

進入烤窯前的最後階段。加入大量數種果乾，揉製成豪華的麵團。

不管是切成大塊或小塊，都呈現出四季美麗的顏色。看了覺得幸福，吃了覺得更幸福。

1 & 2 推薦的綜合套組（六片或十二片）。可以挑選自己喜歡的口味湊成的綜合套組。3 剛出爐的鄉村麵包，可以聽到麵包傳來好吃的聲音。4 剛出爐不好切片，所以要稍微放涼一下。

從一百人分食的概念下產生的彩色鄉村麵包

希望能讓一百人分食的概念，從中誕生的就是彩色的鄉村麵包。這樣的形式是偶然與必然的結合所產生。

老闆秀島原本在東京從事設計業，2000年回到故鄉岡山縣開了一家咖啡店。2002年想要改開麵包店，所以設立了National Depart。麵包製作是自學而成。開店時必須身兼老闆與麵包師傅，於是出現了三個問題。

第一個問題是，製作麵包的只有自己一個人。所以如果想要販賣多種小麵包比較困難，但如果製作大尺寸的麵包，就有可能大量生產。第二個問題，是希望能使用自然的力量產生的野生酵母，但酵母會讓麵包出現獨特的酸味。這就要讓麵包本身呈現香氣，去抑制那股獨特的酸味，讓味道層次更為豐富。National Depart的鄉村麵包，是在店前的神社採取野生酵母，製作出麵包的元種。採得的野生酵母除了使用於麵包的調味，另外便是讓麵包發酵膨脹。因為酵母的作用，做出了外層酥脆、內裡柔軟的麵包。第三個問題，則是要解決德式麵包外表的不起眼。於是採用懷石料理陰陽五行的概念，以天然色素上色，表現出日本的四季。色素加熱後會變色，因此使用了和菓子「包覆」的技術。雙層構造的麵團以確保美麗的顏色，多了一道工續，外層與內層的口感也產生明顯不同。

累積多年研究製作出的鄉村麵包，「要成為幸福好吃的麵包喔！」秀島對麵包這麼說。到烤好出爐最少要花上十八個小時。打開烤箱，麵包發出劈劈啪啪的聲音，香味四溢。「一個人獨力製作的鄉村麵包，希望能透過切片分食，將幸福送給所有的客人分享。」秀島這麼期盼。

正在神社採取野生酵母！

野生酵母是什麼？

原本就存在於自然界的空氣或土壤中，能夠進行發酵作用的微生物。
鍋中放入使用酵母製作的元種後，麵團就會以驚人的速度膨脹起來。

1 ⟶ 2 ⟶ 3 ⟶ 4

將採集到的酵母加入麵團中混合

麵團加入採集到的酵母，完成發酵後進行攪拌。一個調理盆就重達約二十公斤。

使用天然色素上色

麵團加入天然色素與泡過水回軟的果乾（草莓或蔓越莓等）。

用白色麵團包住

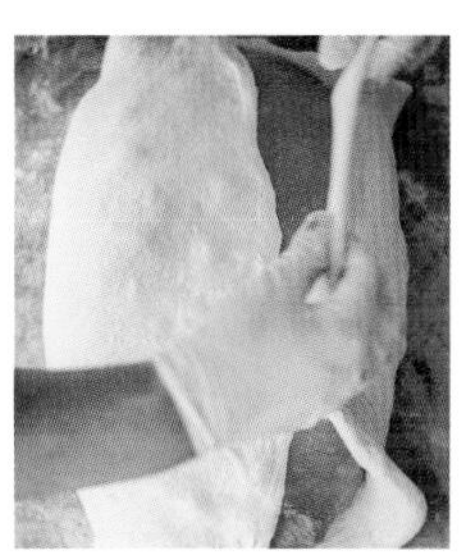

染色的麵團用白色麵團包住，是為了確保烤好之後的顏色。

用刮刀割出葉脈形狀

用刮刀大膽地在麵團上切出割痕，從割痕中可以看到裡面的麵團。接下來終於要進入烘焙程序了。

帶你認識National Depart的麵包！

【巨大鄉村麵包類La Granpange】

藉由陰陽五行為主題的彩色鄉村麵包！以「融合日本的美感意識進行創造」為概念，用天然色素遍染麵團原本的顏色，看起來很開心，吃起來很美味，這就是NATIONAL DEPART的四季鄉村麵包。

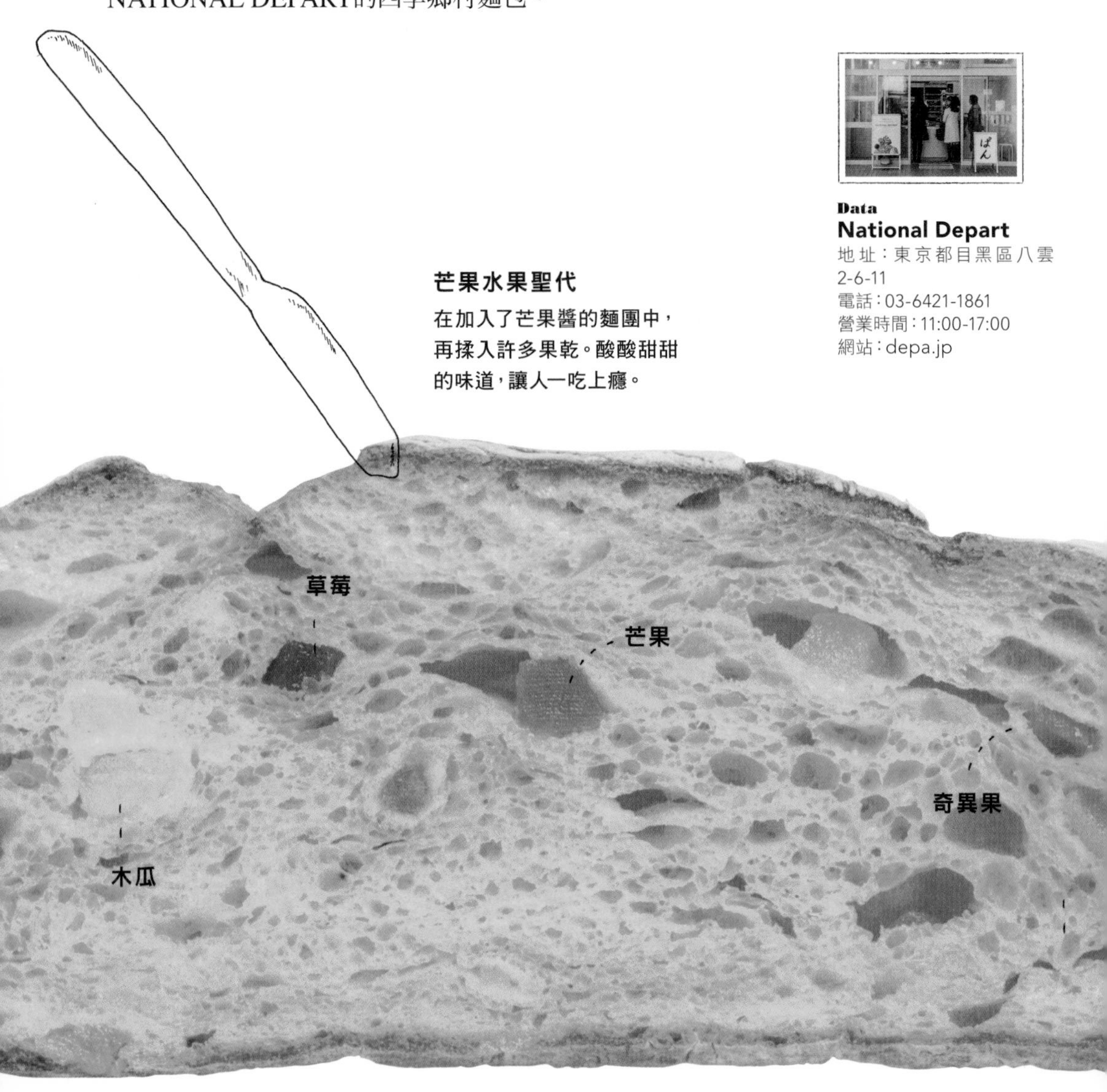

芒果水果聖代

在加入了芒果醬的麵團中，再揉入許多果乾。酸酸甜甜的味道，讓人一吃上癮。

Data

National Depart

地址：東京都目黑區八雲2-6-11
電話：03-6421-1861
營業時間：11:00-17:00
網站：depa.jp

【德式麵包類Bread】

這裡的德式麵包也是推薦品項！看看以下有哪些。

香味與口感兼具

方形麵包

使用大量南瓜籽，香味與口感兼具的黑麥麵包。麵團的酸味，搭配酥脆的南瓜籽，是一大特色。

品嘗獨特的酸味

農夫麵包

德國生產的黑麥中粒與細粒麵粉混合，產生細緻的口感。雖然有著德式麵包獨特的酸味，卻很容易入口。

聖誕麵包口味

短棍麵包

杏仁膏與白豆沙混合，加入洋酒醃漬的水果與胡桃，再用麵團包裹。呈現出柔軟且類似焦糖的獨特口感。

10公分

有嚼勁

楓糖三重奏麵包

加入焦糖與堅果的鄉村麵包。有嚼勁的麵團，在口中與焦糖融為一體，令人垂涎。

栗子風味

浪漫栗子麵包

將糖漬栗子揉入麵團，口感充滿驚奇的鄉村麵包。蓬鬆的麵團，細緻的甘甜，糖漬栗子是一大亮點。

多種風味

巧克力香蕉麵包

黑可可麵團加入香蕉乾與胡桃。稍苦的可可與香蕉的甘甜呈現調和的味道，偶爾吃到的胡桃讓口感更為豐富。

店內招牌

胭脂魅藥麵包

加入草莓果乾烤焙而成，草莓些微的酸與甜，在口中鮮明地擴散開來，看起來也很可愛，是招牌商品之一。

口感與風味兼具

開心果三重奏麵包

加入開心果醬的麵團，搭配三種堅果與調溫白巧克力。堅果與巧克力是最佳組合。

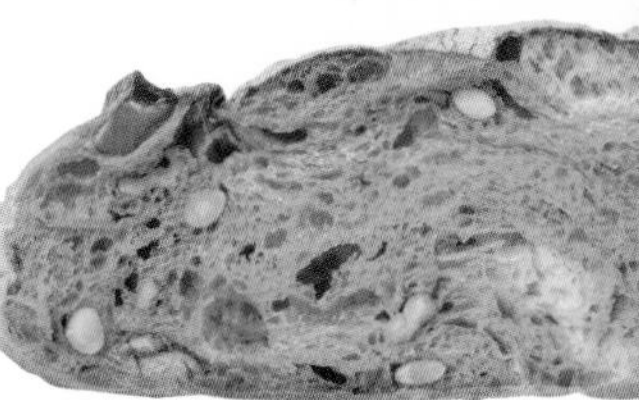

麵包與奶油的專門店

以奶油決勝負 Bread & Butter Factory用賀

麵包與奶油的名店在用賀地區登場，是深受該地居民喜愛的麵包店。有100%天然酵母的麵包，還有手工蛋糕、餅乾等甜點。

文字：Discover Japan編輯部
攝影：增田浩一

集合所有嚴選的奶油

胡桃葡萄乾麵包

栗子起司麵包

可頌

1 三明治種類也很多。烤牛肉或煙燻鮭魚三明治很適合做為午餐。
2 時髦的店內，每天有為數眾多的麵包上架，全部都會賣光。

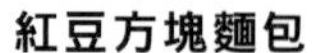

紅豆方塊麵包

咖哩方塊麵包

Data
Bread & Butter Factory 用賀
地址：東京都世田谷區玉川1-17-7
電話：03-3700-3301
營業時間：8:00-19:00
公休：無

依照麵包種類來建議最適合的奶油，要高度的知識與技能才能完成。

麵包與奶油，兩者之間有著密不可分的關係。這是間以全新概念開創的麵包店，特色在於依照麵包種類來建議最適合的奶油。

以黑白為基調，外觀時髦，但統一而清爽。進入店裡，可以看到冷藏的展示架。不光是日本，而是從世界各地蒐集了許多稀奇或有趣的奶油，常態性會有約三十種陳列出來。有大家熟悉的四葉奶油，也有目前知名度上升中的法國艾許發酵奶油。另外，還有不太常見的依思尼AOP發酵奶油、賽夫爾（Sevre）AOC無鹽奶油、柏迪耶（Bordier）手工奶油等，都有機會選購。

以熔岩鍋烤製出的麵包，使用了天然酵母，味道豐富，紋理細緻，口感濕潤。使用的奶油也是從國內外蒐集挑選而來，發揮了最佳配角的作用，突顯出天然酵母麵包的美味。

除了主食麵包之外，也提供鹹麵包、甜麵包、季節限定麵包等，種類豐富。即使平日，過了中午也還是會有絡繹不絕的客人上門，架上麵包陸續清空。廚房同樣也會製作蛋糕或餅乾。晴朗的日子，可以到外面的露臺吃剛買的麵包，是深受地方居民喜愛的麵包店。

使用沖繩珍貴食材製作的麵包

天然食材的祕密水圓麵包店

只使用自然食材，充滿店主心意的天然酵母麵包。除了麵包之外，店裡的安心氣氛也讓人流連忘返。

文字：權聖美
攝影：青塚博太

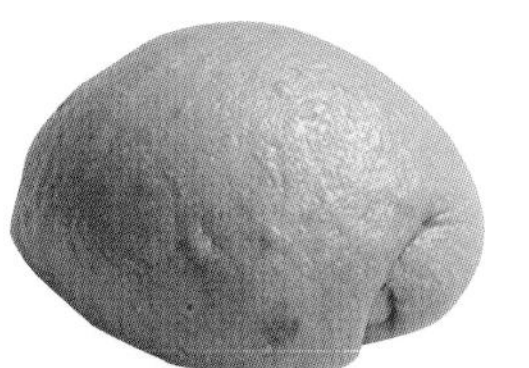

黑糖蒸麵包

火龍果巧克力麵包

黑糖起司麵包

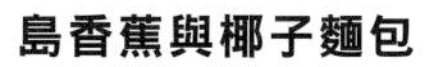

全部都是天然的食材製作

「水圓」的麵包，特色是份量十足，越嚼越香甜，食材的風味會在口中慢慢擴散。

「麵團使用的是石臼磨製的麵粉，搭配玄米與地瓜培養的酵母、三種鹽以及水來製作，全部都是天然的食材。就算麵包的製作步驟相同，但會受季節與天氣的影響，尤其酵母是非常纖細的生物，所以一定要隨時注意。明天會烤出怎樣的麵包呢？與食材進行對話真是讓人感到開心。」老闆森下想一這麼說。與太太小香一起，在五年前，讀谷村座喜味的大棵細葉榕旁邊，開了這家水圓麵包店。想一因為吃過一家天然酵母麵包先驅的麵包店，受到深深的感動，於是在同樣是由一對夫婦經營的那家店學習了六年的時間，之後才自己獨立。一直以來，每天都有很多人從沖繩縣內外來到這裡，為的是想買好滋味麵包，想喝小香泡的茶，想在水圓特有的安心空間中放鬆。

似乎轉眼之間就走到現在，最近兩人常常討論今後的水圓要變成怎樣的風貌。之後會產生怎樣新的變化呢？其實連自己都還不知道。水圓似乎是在沖繩大家最想去的一家麵包店，敬請密切注意，熱烈期待。

1 從清晨五點開始整型，陸續烤焙的麵包，香氣在店內飄盪。
2 設有咖啡座，可以搭配麵包，享用當地食材調製的酵素飲品或印度奶茶，本日例湯是人氣商品。

Data
水圓麵包店
地址：沖繩縣中頭郡讀谷村座喜味367
電話：098-958-3239
營業時間：10:30～太陽下山（麵包賣完便結束營業）
公休：週一到週三
網站：www.suienmoon.com

滿滿的奶油，質地細緻濕潤的角形吐司。

只用高品質食材的Bread & Circus

Bread & Circus（麵包與馬戲團）是位於溫泉地區湯河原的人氣店。使用大量奶油製作出質地細緻的角形吐司、可以當成主食的硬麵包，或是深具特色的餅乾甜點，都是人氣熱賣商品。

文字：Tsumugi Takahashi
攝影：山平敦史

「當然是食材很棒的關係，就只是因為這樣。」寺本這麼說。以櫪木的夢香麵粉為主，混合北海道的春風麵粉以及高品質的奶油。嚴選的食材，根據氣候改變調合比例，都是重要因素。

希望能不斷提供剛出爐的麵包，廚房裡簡直就像戰場！

店主 寺本五郎

原本在東京青山長期經營建築事務所，因為需要靜養，所以搬到湯河原。由於太太康子的麵包店而開始接觸麵包的製作，目前已經是第十八年。

Data

Bread & Circus

地址：神奈川縣足柄下郡湯河原町土肥4-2-16
電話：0465-62-6789
營業時間：11:00-17:00
（麵包賣完後便結束營業）
公休：週三、週四、週日

「我們家的吐司加了大量奶油，所以很好吃吧？因為食材很棒啊！」

JR（日本國有鐵路公司）湯河原站走路五分鐘，位於安靜住宅區的Bread & Circus。不知道這家店的人如果看了，一定會被平日白天就開始大排長龍的景象給嚇到吧！開店前三十分鐘就開始排隊，到關店時人潮還絡繹不絕。

開幕是在十八年前。一開始是日式咖啡店，但是麵包非常受歡迎。而且，麵包製作是自學而來，實在令人驚訝！

「從美國請麵包師傅來日本教的。」老闆寺本這麼說。原本的職業是建築師，和麵包一點關係也沒有，到了七十六歲才開了這麼一家麵包店。

「我們家的吐司加了大量奶油，所以很好吃吧？因為食材很棒啊！還使用了能保鮮的鹽，與小麥之間的平衡也調整得很好。」

北海道的小麥雖然很受歡迎，但這裡採用比較多的是櫪木、群馬的小麥。原因是「小麥的香氣與品質完全不同。」另外，湯河原也是箱根山系美味泉水湧出的地區。水、空氣等自然環境如果優良的話，對於會左右麵包製作風味的發酵過程，也會產生良好影響。

「不過，我們家最厲害的還是工作人員。」寺本這麼說。的確，精神飽滿地工作的員工，毫不掩飾他們對於麵包製作的熱情。麵包雖然也可以網購，不過剛出爐的口感又更美妙。希望大家有機會一定要來湯河原一探究竟。

應該沒有更好的吐司了

發揮食材的風味Bluff Bakery

位於閒靜的住宅區，沒有別的吐司比得上。為了製作出美味的吐司，赴湯蹈火、在所不惜，大家請一定要嘗嘗看老闆特調的風味。

文字：Discover Japan 編輯部
攝影：山平敦史

「發現小麥的弱點，思考如何彌補，是一件重要的事。『北香』麵粉如果直接拿來製作吐司，無法呈現鬆脆的口感。為了補足這一點，使用了鮮奶油，產生新的口感與美味。著重的是要如何發揮食材的特色。」

店主的努力開花結果

吐司脫模的瞬間。使用特製模型。

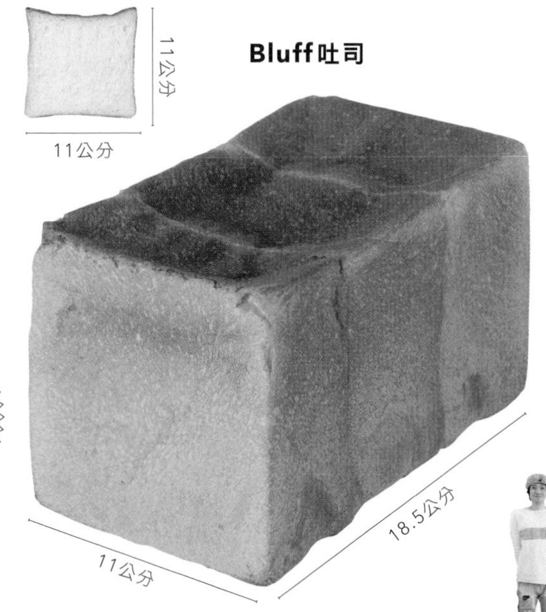

Data
Bluff Bakery
地址：神奈川縣橫濱市中區元町2-80-9
電話：045-651-4490
營業時間：8:00-18:30
公休：無

店長 榮德剛
生長在祖父與父親都是麵包師傅的家庭。曾在「Boulangerie La Terre」等數家麵包店工作過，累積經驗之後開設了Bluff Bakery。2017年邁入第七年。

發揮食材的風味，沒有其他吐司能比得上的吐司，就此誕生。

「應該沒有更好的吐司了。」店主榮德這麼說。的確，在吐司入口的瞬間，蓬鬆柔軟的麵包帶著絲絲甘甜擴散於口中，越嚼越美味，真是難以言喻的至福感受。然後，「越吃越想吃」這樣的念頭更形堅固。

到哪裡才能吃到這種麵包呢？從元町的車站走路約十分鐘，就會來到「Bluff Bakery」。在長長的坡道途中，藍色大門非常顯眼。店裡也是以藍色為基調的裝潢，滿滿陳列了各種麵包，不拘泥於形式，可以看到五花八門的種類。

榮德製作麵包時會從挑選麵粉開始。嘗試許多種類的麵粉，從錯誤中發現麵粉的特性，並製作出相對應的麵包。招牌商品「Bluff吐司」，就是運用日本生產小麥「北香」麵粉製成。「麵粉本身偏黃，與乳製品很搭配。拌入鮮奶油後，濃度更上層樓，也呈現出高級的風味。我認為北香麵粉擁有『容易讓人上癮的美味』。」榮德這麼說。100%使用北香這種具有強烈特色，很難與別的麵粉相容的麵粉，發揮食材的風味，沒有其他吐司能比得上的吐司，就此誕生。

追求日本人的喜好，專門店使出渾身解數製作的麵包。

美妙的湯種風味LeBresso

活用豐富經驗的老闆所製作，追求日本人的喜好，由專門店使出渾身解數推出的麵包。

文字：立原里穗
攝影：本鄉淳三

比較過國內外各式各樣的麵包後，得到的結論是：「日本的麵包最好吃。」於是回到了原點。經過一年半的試做，終於以湯種製法呈現出剛煮好的白飯那樣，「蓬鬆」、「濕潤」、「甘甜」的口感。

Data
LeBresso
地址：大阪府大阪市天王寺區味原町1-1
電話：06-6765-8005
營業時間：9:00-19:00
（最後點餐18:00）
＊週六、週日、假日8:00-19:00
公休：不定
網站：lebresso.com

可以在店裡享用Today's Toast今日吐司與招牌咖啡。

店長 上垣祐

法國餐廳、義大利餐廳、蛋糕店、日式割烹等等，累積了多種經驗之後，走上麵包師傅的道路。只要打聽到哪裡有好吃的麵包，再遠都會去品嘗，吸收消化之後完成了LeBresso吐司。

日本人最喜歡的香氣與甜味，是具有特殊口感的麵包。

開業三年多，圍著店鋪繞了一整圈人龍而成為話題的吐司專門店x咖啡座。一眼看過去全部是每天早上吃也吃不膩，傳說中的LeBresso吐司。中心團隊不只走遍日本全國，還到美國西海岸的波特蘭及洛杉磯，造訪各家麵包與咖啡店，經過一年半的研發，終於推出了招牌的麵包。連吐司邊都很濕潤，越嚼越香甜，感到一種不知道曾經在哪吃過的懷念風味……沒錯，因為使用獨特的湯種製法，呈現出和剛煮好的白飯或是烏龍麵那樣，日本人最喜歡的香氣與甜味，是具有特殊口感的麵包。

不只能扮演料理的助攻角色，其實更具有主角等級的個性，首先用烤麵包機稍微烤一下，什麼都不加直接一口咬下，應該可以感受到小麥原本的甘甜整個擴散開來。然後使用淡路島生產的牛奶、北海道生產的奶油、日本國產的蜂蜜等精選食材調製而成的招牌牛奶醬，這種絕妙的搭配也只有在LeBresso可以享受到。生意好的時候，三百條吐司一下就賣光了，想買到LeBresso吐司，還是預訂比較保險。此外，從生豆挑選到烘焙方式都很講究的咖啡，當然和吐司也是最佳拍檔。讓自己產生「今天應該也是美好的一天」的預感，是非常適合清爽早晨的開心風味。

人氣新銳店的可頌，叫我第一名！

一吃上癮C'est Une Bonne Idee!

開幕不到三年的時間，平日從白天開始，顧客便絡繹不絕。買下一條鮭魚製作的鹹派，還有味道濃郁的可頌，都是人氣商品。除此之外，還有法式長棍麵包、鄉村麵包、布丁、餅乾等六、七十種品項。雖然每個人喜歡的麵包種類不同，但全部都是使用100%日本生產小麥製作出的味道。

鮭魚與菠菜鹹派

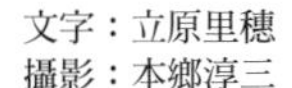

文字：立原里穗
攝影：本鄉淳三

Data
C'est Une Bonne Idee!
地址：神奈川縣川崎市多摩區登戶1889今野大樓1樓
電話：044-931-6910
營業時間：7:30-19:00
公休：週二
網站：cestune-bonneidee.com

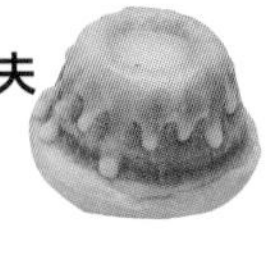

咕咕洛夫

可頌

有機小麥與低溫熟成的吐司一定要預訂！

追求風味與層次的中川小麥店

從食材挑選開始便仔細而講究，自製的全穀粒麵粉使用的是以石臼磨製的有機玄麥。「每天現磨所以味道豐厚。」老闆中川惠介這麼說。使用100%全穀粒麵粉的全麥麵包，咀嚼後具有豐富層次的味道。長時間低溫發酵熟成的麵團非常美味而有嚼勁。吐司等人氣商品全都可以預訂。中川太太待客也十分熱情溫馨。

全麥麵包

文字：立原里穗
攝影：本鄉淳三

Data
中川小麥店
地址：京都府京都市左經區下鴨松木町52-1
電話：075-702-6672
營業時間：9:00-18:30
公休：週一、週二
網站：nakagawakomugiten.com

山形吐司

胡桃肉桂捲

絕對要品嘗的人氣克林姆麵包

真材實料A:Gosse

是2011年在湯布院開幕的小麵包店「A:Gosse」。以象牙色為基調的店內裝潢，有著雜貨店般的柔和氣氛，陳列出許多個性豐富的麵包。最受歡迎的是克林姆麵包，包了滿滿的牧場現擠牛奶製作的卡士達醬。使用富含維生素與礦物質的洗雙糖（黑糖去除糖蜜），甜度不高，不會對身體造成負擔。

克林姆麵包

文字：立原里穗
攝影：本鄉淳三

Data
A:Gosse
地址：大分縣由布市湯布院町川上2912-2
電話：0977-84-5868
營業時間：9:30-約18:00（麵包賣完便結束營業）
公休：週三、週四
網站：agosse.exblog.jp
臉書：www.facebook.com/Agosse0502

雜糧麵包

蘋果麵包

Lifestyle050

看了就想吃！的麵包小圖鑑

350款經典＆人氣麵包＋28家日本排隊必買名店、老舖徹底介紹

作　者　Discover Japan 編集部
翻譯　徐曉珮
美術　潘純靈
編輯　彭文怡
校對　連玉瑩
企畫統籌　李橘
行銷　石欣平
總編輯　莫少閒
出版者　朱雀文化事業有限公司
地址　台北市基隆路二段 13-1 號 3 樓
電話　02-2345-3868
傳真　02-2345-3828
劃撥帳號　19234566　朱雀文化事業有限公司
e-mail　redbook@ms26.hinet.net
網址　http://redbook.com.tw
總經銷　大和書報圖書股份有限公司　（02）8990-2588
ISBN　978-986-96214-3-4
初版一刷　2018.05
定價　360 元
出版登記　北市業字第 1403 號

國家圖書館出版品預行編目

看了就想吃！的麵包小圖鑑：350 款經典＆人氣麵包＋ 28 家日本排隊必買名店、老舖徹底介紹
Discover Japan 編集部 著
-- 初版 . --
臺北市：朱雀文化 , 2018.05
面；　公分 -- (Lifestyle；050)
ISBN 978-986-96214-3-4 (平裝)
1. 點心食譜　2. 麵包
427.16

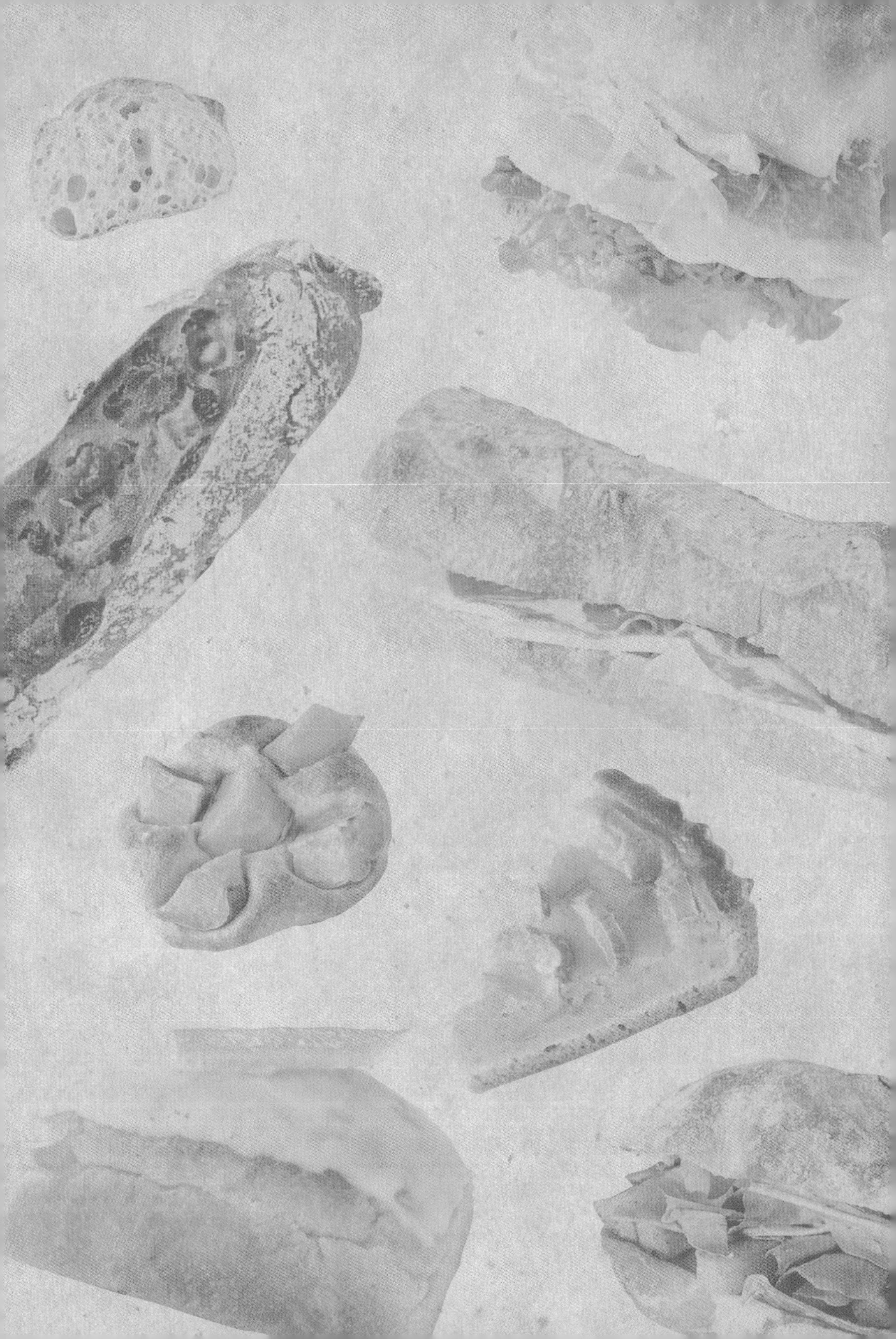